节能减排社会经济制度研究

李艳丽　李利军　等著

北　京

冶 金 工 业 出 版 社

2010

内 容 提 要

　　本书把环境和生产协同考虑，在阐释环境生产要素理论的基础上，研究政府对环境实施要素化管控，构建环境生产要素供求机制，引导和激励企业实施环境成本核算，谋求控制企业能源消耗和污染排放的"政府-市场联合管控机制"。全书共分九章，分别阐述了节能减排工作的紧迫性和现状，经济系统与环境系统的统一关系，分析了经济活动与环境系统在要素供求和废弃物排放这两个领域的结合情况，提出了基于环境生产要素理论的我国节能减排市场制度安排建议和节能减排的政府-市场联合管控制度框架模式，对新制度下的企业经济活动进行了分析，讨论了社会节能减排意识、企业发展战略与应对方案，并对市场化节能减排制度的拓展与国际协调进行了初步探讨。

　　本书可供相关政府工作人员、企事业人员、相关学科的教师、研究生和本科生参考使用，也适合热爱环境的相关人士、社会民众阅读。

图书在版编目（CIP）数据

　　节能减排社会经济制度研究/李艳丽等著．—北京：冶金工业出版社，2010.8
　　ISBN 978-7-5024-5339-8

　　Ⅰ．①节…　Ⅱ．①李…　Ⅲ．①节能—经济制度—研究—中国　Ⅳ．①TK01

　　中国版本图书馆 CIP 数据核字（2010）第 145061 号

出 版 人　曹胜利
地　　址　北京北河沿大街嵩祝院北巷 39 号，邮编 100009
电　　话　（010）64027926　电子信箱　yjcbs@cnmip.com.cn
责任编辑　王　楠　美术编辑　张媛媛　版式设计　葛新霞
责任校对　卿文春　责任印制　张祺鑫
ISBN 978-7-5024-5339-8
北京百善印刷厂印刷；冶金工业出版社发行；各地新华书店经销
2010 年 8 月第 1 版，2010 年 8 月第 1 次印刷
148mm×210mm；8.375 印张；245 千字；255 页
28.00 元
冶金工业出版社发行部　电话：（010）64044283　传真：（010）64027893
冶金书店　地址：北京东四西大街 46 号（100010）　电话：（010）65289081（兼传真）
　　　　（本书如有印装质量问题，本社发行部负责退换）

前　言

　　谈到节能减排，传统认识大多是把希望单纯地放在技术研发和设备改进层面。诚然，技术是节能减排的关键，但作为市场独立主体的企业投资进行技术研发和设备改进，是一个管理问题。我国有超过2/3的污水处理厂处在非运转或半运转状态，众多企业的节能减排设备在非检查时间不予使用！国务院关于"十一五"规划纲要实施中期报告显示，"单位国内生产总值能源消耗、主要污染物排放总量两个主要约束性指标与规划目标差距较大。"高能耗高排放问题已经成为当前经济发展和民众福利增进的重要障碍。行政命令是有效的，但在市场经济条件下不解决长期问题，也容易造成"一管就死"的局面。高能耗高排放生产模式是忽视环境问题片面追求生产扩张的结果，是经济制度和环境制度缺乏协调安排的后果，所以，解决环境问题离不开环境管理制度创新，实现节能减排必须重视经济学自身改造，创新经济制度安排。本书从环境问题产生的经济学根源反省开始，在将环境和生产协同考虑创建环境生产要素理论的基础上，发展生产要素理论和环境管理理论，研究由政府对环境实施要素化管控，构建环境生产要素供求机制，引导和激励企业实施环境成本核算，谋求控制企业能源消耗和污染排放的"政府-市场联合管控机制"，理论和现实意义深远，应用前景广阔。

　　本书内容主要包括：通过分析环境系统和经济系统之间的物质、能量流动规律，反思经济学对环境的封闭研究缺陷和环境管理的市场和经济手段不足，分析环境生产要素理论在环境系统与经济系统相结合中的作用。分析环境生产要素化对企业生产行为的影响，建模预测企业的节能减排响应程度。探讨环境生产要素化对厂商成本、利润、等产量线的影响，讨论厂商短期和中长期生产要素配置的变化特点。透析环境参与生产的特点和规律，全面展现环境对生产的真实贡献，揭示环境生产要素地位在引导企业节能减排工作中的作用机理。在以上研究的基础上，吸收新型的环境生产要素理论，并结合基本管理学方法，借鉴三种生产关系理论、界面活动控制理论和冲突协调理论，针对实际工作中行政手段、计划手段和市场手段大量失灵的问题，研究基于新理论的环境管理政策和措施，提出扩展环保局职能，组建环境生产要素市场管理中心，专司环境生产要素的市场供给总量、厂商配售指标、厂商消耗量的测定，以及二级市场交易调控、价格指导和政府干预。从制度建设、组织体系、关键因素和运行模式等层面系统构建"政府-市场联合管控"的节能减排新机制，并进行模拟仿真检测和实地测试，使得在环境质量维护和经济产出之间获得比较直接有效的调控效果，谋求环境与发展的和谐、人与自然的和谐。

本书的研究可以在一定程度上回答以下几项现实问题：节能减排的基础经济学理论和环境管理理论不足问题；政府直接管理过多，市场化机制缺乏的问题；企业节能减排的消极、懈怠、短期性问题；企业环境责任不清和政府环境补偿及环境治理的资金筹集问题。

本书是河北省社科基金科研项目《基于经济和环境理论创新的政府-市场联合管控型节能减排机制研究（HB09BYJ076）》的主要成果。全书由项目主持人李艳丽策划安排，第一章由李艳丽副教授和研究生李一卉执笔，第二章、第四章由李利军教授和王玉华博士执笔，第三章、第五章、第六章由李艳丽副教授执笔，第七章由刘敬严博士执笔，第八章由贾文学博士执笔，第九章由李利军教授执笔。全书由李艳丽副教授统稿，项目组的其他老师也对本书的撰写做了许多工作，石家庄铁道大学科技处对本书的出版给予了很多关心和帮助，在此一并表示感谢。

本书所提出的理论及其应用，在经济学上具有创新性，从环境管理角度看也颇具新意，可供政府决策部门参考，也可供经济系、环境学、社会学、公共管理学等相关学科的教师、研究人员、研究生和本科生参考使用，也适合热爱环境的相关人士、社会民众阅读。

本书所谈内容仅是作者个人的一些粗浅认识，由于研究角度不同、深度不同，某些观点和看法可能会存在不完全、不合适的地方，请读者不吝指正。

作　者

2010 年 5 月

目　录

第一章

节能减排的提出和研究背景

人类的进步和发展史，就是破坏自然环境和维护自然环境的矛盾史，在这个过程中，人类创造了辉煌的文明，也给赖以生存的自然环境留下了满目疮痍。进入近代社会以来，人口快速增长，生产迅猛发展，自然界的财富被索取得越来越多，投向环境中的废弃物也越来越多。自然环境已经不堪重负，频频向人类发出警告。审视人类在自然环境系统中的位置，走低消耗少排放的道路，寻求长期生存和发展的道路，是当代人类最为紧迫的研究课题。

第一节　当前全球面临非常紧迫的能源和环境危机

一、世界主要能源和环境危机

目前，国际公认的全球性能源和环境危机主要表现为以下几方面。

世界能源枯竭　化石能源（煤、石油、天然气等）及其转化能源（电能等）是不可再生资源，随着人类开采使用数量的不断攀升，其枯竭局面已不可避免。德国《明镜》周刊 2006 年刊登了题为《古生原料还能供人类使用多久？》的文章，认为全球不可再生能源正在枯竭。地质学家哈伯特曾断言，石油开采的过程始终与钟形曲线相符：油井的开采量先是逐步上升，到油井还有一半的储量时，开采量就逐渐下降，直到枯竭。同年 5 月法国《费加罗报》也在题为"半世纪后全球石油和天然气将枯竭"的一文中称，随着能源产量和消费量的不断攀升，人类将面临着碳氢化合物等矿物能源资源接近枯竭的严峻挑战，并且详细列出了世界主要国家主要能源枯竭的预测年份。而且，哈伯特指出，其他矿物和金属（包括铀）的蕴藏量也绝不是取之不尽的，而且它们也是无法补偿的。1972 年，丹尼斯·梅多斯在向罗马俱乐部作的《增长的极限》报告中早就做过预测：来自地壳的原料资源不久就将耗尽。根据日本、欧盟等的能源机构预计，全球化石能源的消耗峰值将在 2020 ~2030 年出现，并在 21 世纪内开采殆尽。人类节能压力已经迫在眉睫。

全球气候变暖　由于人口的增加和人类生产活动的规模越来越大，向大气释放的二氧化碳（CO_2）、甲烷（CH_4）、一氧化二氮（N_2O）、氯氟碳化合物（CFCl）、四氯化碳（CCl_4）、一氧化碳（CO）等温室气体不断增加，导致大气的组成发生变化。大气质量受到影响，气候有逐渐变暖的趋势。全球变暖将会对全球产生各种不同的影响，较高的温度可使极地的冰川融化，海平面每10年将升高6厘米，因而将使一些海岸地区被淹没。全球变暖也可能影响到降雨和大气环流的变化，使气候反常，造成旱涝灾害，这些都可能导致生态系统发生变化和破坏。

生物多样性减少　近百年来，由于人口的急剧增加和人类对资源的不合理开发，加之环境污染等原因，地球上的各种生物及其生态系统受到了极大的冲击，生物多样性也受到了很大的损害。有学者估计，世界上每年至少有5万种生物物种灭绝，平均每天灭绝的物种达140个，50年后将有超过30%的物种灭绝。

森林锐减　由于人类的过度采伐和不恰当的开垦，再加上气候变化引起的森林火灾，世界森林面积不断减少。据统计，近50年，森林面积已减少了30%，而且其锐减的势头至今不见减弱。森林的减少导致水土流失、洪灾频繁、物种减少、加剧干旱、温室效应、气候变化等多种严重恶果。亚马逊森林占世界现存热带雨林的1/3，有"地球之肺"的美誉，然而，巴西国家地理统计局数据显示，亚马逊地区每年遭到破坏的雨林面积达23000平方公里。统计显示，目前有20%的亚马逊雨林已经被彻底地夷为平地，另外有22%的雨林正因为过度采伐而受到破坏，导致日光可以照射到雨林的地表，使得土壤变干。科学家表示，如果把这两个数字加起来，总数将接近50%，已经接近电脑模型预测的亚马逊雨林即将死亡的"临界点"。专家指出，如果亚马逊的森林被砍伐殆尽，地球上维持人类生存的氧气将减少1/3。

土地荒漠化　全球陆地面积占60%，其中沙漠和沙漠化面积29%。每年有600万公顷的土地变成沙漠。经济损失每年423亿美元。全球共有干旱、半干旱土地50亿公顷，其中33亿遭到荒漠化威胁，致使每年有600万公顷的农田、900万公顷的牧区失去生产

力。人类文明的摇篮底格里斯河、幼发拉底河流域，由沃土变成了
荒漠。

臭氧层的耗损与破坏　　臭氧层能吸收太阳的紫外线，保护地球
上的生命免遭过量紫外线的伤害，并将能量贮存在上层大气，起到
调节气候的作用。臭氧层被破坏，将使地面受到紫外线辐射的强度
增加，给地球上的生命带来很大的危害。研究表明，紫外线辐射能
破坏生物蛋白质和基因物质脱氧核糖核酸，造成细胞死亡；使人类
皮肤癌发病率增高；伤害眼睛，导致白内障而使眼睛失明；抑制植
物如大豆、瓜类、蔬菜等的生长，并穿透 10 米深的水层，杀死浮游
生物和微生物，从而危及水中生物的食物链和自由氧的来源，影响
生态平衡和水体的自净能力。

酸雨蔓延　　酸雨是指大气降水中酸碱度（pH 值）低于 5.6 的
雨、雪或其他形式的降水。酸雨降落到河流、湖泊中，会妨碍水中
鱼、虾的成长，以致鱼虾减少或绝迹；酸雨还导致土壤酸化，破坏
土壤的营养，使土壤贫瘠化，危害植物的生长，造成作物减产，危
害森林的生长。此外，酸雨还腐蚀建筑材料，有关资料说明，近十
几年来，酸雨地区的一些古迹特别是石刻、石雕或铜塑像的损坏超
过以往百年以上，甚至千年以上。

大气污染　　燃煤过程产生粉尘，细小的悬浮颗粒吸入人体，引
起呼吸道疾病；工业废气和汽车尾气中夹带大量化学物质，如碳氢
化合物、氢氧化物、一氧化碳等，它们与太阳光作用，会形成一种
刺激性的烟雾，能引起眼病、头痛、呼吸困难等。1930 年 12 月，比
利时马斯河谷工业区，排放的二氧化硫等工业有害废气和粉尘对人
体造成综合影响，一周内近 60 人死亡，市民中心脏病、肺病患者的
死亡率增高，数千人患呼吸系统疾病，家畜死亡率激增。1943 年美
国洛杉矶大量汽车废气在紫外线照射下产生光化学烟雾，造成许多
人眼睛红肿、咽炎、呼吸道疾病恶化乃至思维紊乱、肺水肿，65 岁
以上老人死亡 400 人。1948 年，美国宾夕法尼亚州多诺拉镇炼锌厂、
钢铁厂、硫酸厂排放的大量二氧化硫及其氧化物，与大气粉尘结合，
形成严重大气污染，4 天内导致当地 43% 居民（5911 人）暴病，当
天即有 17 人死亡。1952 年 12 月，英国伦敦由于燃煤排放的烟尘和

二氧化硫在浓雾中积聚不散，形成煤烟性烟雾，导致 4 天时间 4000 多人死亡，两月后又有 8000 多人死亡。目前大气污染导致每年有 30 万 ~70 万人因烟尘污染提前死亡，2500 万的儿童患慢性喉炎，400 万 ~700 万的农村妇女儿童受害。

水污染和水短缺　人口膨胀和工业发展所制造出来的污水越来越多，超过了天然水体的承受极限，于是本来是清澈的水体变黑发臭，细菌滋生，鱼类死亡，藻类疯长，更为严重的是，本来足以滋养人体的水，常因含有有毒物质而使人染病，甚至置人于死地。工农业生产也因为水质的恶化而受到极大损害。1955 ~1977 年日本富山神通川流域，因锌、铅冶炼厂等排放的含镉废水污染了河水和稻米，生活在这里的人们饮用了含镉的河水、食用了含镉的大米后引起骨痛病，骨骼萎缩断折，水米不进，衰竭疼痛以致死亡。1968 年 5 月确诊患者 258 人，其中死亡者达 207 人。水环境的污染使原来就短缺的水资源更为紧张。非洲、西亚等众多地区淡水资源极度匮乏。我国水利部 2003 年资料显示，目前华北地区超采地下水 1000 多亿立方米，出现 9 万多平方公里世界最大的地下水开采漏斗区，诱发地面沉降、海水入侵、岩溶塌陷、地面裂缝等环境地质问题。2010 年西南大旱，再显水资源的宝贵。水资源的短缺，水环境的污染，加上水的洪涝灾害，构成了足以毁灭人类的水危机。

有毒化学物的污染问题　有毒化学物主要来自工厂废物、废气和废水的排放以及大量使用化学品、化肥和农药等。据统计，目前市场上有 7 万 ~8 万种化学品，其中对人体健康和生态环境有危害的约有 3.5 万种，具有致癌、致畸、致突变的有 500 余种。化学污染通常通过水和空气扩散，波及面大到一个地区、一个国家，甚至全球，所以成为全球性的环境问题。1953 ~1956 年，日本熊本县水俣湾，石油化工厂排放含汞废水，人们食用了含汞污水污染的海湾中富集汞和甲基汞的鱼虾和贝类及其他水生物，造成近万人的中枢神经中毒，死亡率达 38%，其中汞中毒者 283 人中 60 多人死亡。

海洋污染　人类活动使近海区的氮和磷增加 50% ~200%；过量营养物导致沿海藻类大量生长；波罗的海、北海、黑海、东中国海等出现赤潮。海洋污染导致赤潮频繁发生，破坏了红树林、珊瑚礁、海草，使近海鱼虾锐减，渔业损失惨重。

垃圾成灾 据估计，全球每年产生的垃圾将近 100 亿吨，其中发达国家占有很大的比例，并且处理垃圾的能力远远不如垃圾产生的速度，再加上很多垃圾不能自然分解或分解非常缓慢，因此垃圾越来越多。有的垃圾是有毒、易燃、具腐蚀性和放射性的物质，对人类健康的危害十分严重。

二、当前能源和环境危机的特征和紧迫性

当今世界随着科学技术突飞猛进的发展，以及人类现行生存方式与地球的生命支持能力相悖的日趋加剧，致使能源和环境危机具有如下特征：

能源和环境危机全球化 一般来说，以往能源和环境危机影响的范围，危害的对象或产生的后果，主要集中于某些国家或特定的生态环境里，呈现出局部性和区域性的特征，对全球影响不是太大。而当前能源和环境危机则超越了国界，表现为全球化的特征。比如，最为世人关注的石油危机、煤荒、温室效应、臭氧层破坏、酸雨等，其影响范围不但集中在发达国家，而且波及发展中国家和落后国家，不但影响人类居住的地球陆地表面和低层大气空间，而且还涉及高空、海洋。又如，一个国家的大气污染，特别是二氧化硫排放量过大，可能导致相邻国家或地区受到酸雨的危害。再如，全球气候变暖，两极冰川融化，海平面不断升高，几乎对所有国家和地区，尤其是沿海国家和地区将造成毁灭性灾害。

能源和环境危机加速化 能源和环境问题非常紧迫，而且存在着非常可怕的"加速度"。科学家原先估计，世界石油可以维持大约 120 年，现在压缩到 81 年，大西洋西北航道的冰山大约在 2080 年前后完全融化，但受升温加剧的影响，冰山融化速度远比预计的要快。丹麦国家太空中心成员佩德森（Leif Toudal Pedersen）指出：根据近 10 年经验，冰封面积平均每年减少 10 万平方公里，但短短一年之内（2006~2007 年），竟然消失了 100 万平方公里的冰块，情况非常极端。科学家惊呼，按现在的速度发展下去，2030 年夏季的北极就不再有冰。南北两极的冰川像一面巨大的镜子，其反射的阳光占全球

反射阳光的90%；随着两极冰川的融化，越来越多的阳光将直接被海水和地面吸收，地球温暖化的灾难进程将进一步加快。

能源和环境危机综合化　我们知道，直到20世纪五六十年代，人们最关心的环境危机还是"三废"污染及其对健康的危害。但是，当前环境危机已经远远超出了这一范畴而涉及人类生存环境的各个方面，包括森林锐减、草原退化、沙漠扩展、土壤侵蚀、城市拥挤等诸多领域，从而呈现出综合化的特征。能源危机原来影响的只是某些产业和部门，现在随着石油产品在衣、食、住、行等各方面的普及，能源危机会使整个世界的生产、生活都陷入混乱。

环境危机高技术化　众所周知，原子弹、导弹的试验，核反应堆的使用及其事故，以及电磁辐射等对环境都会产生严重的影响。比如，1986年4月26日苏联切尔诺贝利核电站第四号反应堆发生爆炸的核污染事件，造成31人当场死亡，273人受到放射性伤害，13万居民紧急疏散。据乌克兰估计，这场灾难的强度相当于广岛原子弹的500倍。事故产生的放射性尘埃随风飘散，使欧洲许多国家受害，估计受害人数不少于30万人。跟踪调查表明，此后十多年，又有5000多人因受核辐射患病死亡，其中60%是受害者因无法忍受核辐射的痛苦而自杀，另外还有3万多人落下了终身的残疾。可见，当前环境危机的高技术化特征真可谓触目惊心！

能源和环境危机极限化　一些科学家认为，当前人类生存的环境已达到地球支持生命能力的极限。其表现为能源几近枯竭，环境污染加剧。前面提到，能源枯竭问题已经被排出了明确的时间表，根据费加罗报2006年的预测，中国的石油将在12.1年后、天然气将在41.8年后、煤炭将在50年后全面枯竭。环境污染加剧既包括常见的由于各种有害化学物质造成的对大气、水体、土壤、植物的污染及其对人体造成的健康影响，也包括一些本身并非直接有毒，如CFC、二氧化碳等物质，但它们的存在会对全球气候及环境造成诸如温室效应、臭氧层破坏等严重全球性环境危机；其还表现为可再生资源的破坏，它既包括生物类资源（森林、生物物种）和非生物类资源（土地、水）破坏，也包括不可再生资源的过度使用，还包括各种化石燃料及矿物的耗损；它也表现为其他一些人类尚未发现的环境危机。有鉴于此，哥德兰特教授特别强调："目前人类经济直接或间接使用的光合作用的初级净产量已达 40%。这已是一个危险的水平。"在由各种原因引起的全球土地退化面积中，目前人类农业用地中的土地退化面积（包括沙漠化、侵蚀和盐渍化）已达到35%。事实上，当前的环境危机，都从不同层次，通过不同途径，并互相促进着形成一股推进环境恶化的合力，把人类推向环境承载容量的边沿，从而使当前环境危机呈现出极限化的特征。

环境危机致战化 历史上关于争夺能源的战争从来没有间断过，近年来，素有火药桶之称的西亚地区紧张局势有增无减。德国地球变化咨询委员会曾警告说："环境危机的影响可能在世界上很多地区引起国家间的冲突，导致整个国际社会趋向不稳定。"围绕环境危机的冲突很可能首先在与环境问题紧密关联的水资源问题上发生。由于温暖化导致的干旱等自然灾害的增加、各国工业用水增加和水污染的加剧，在不远的将来有可能发生世界性的"水危机"。全球约有一半国家是国际河川的流域国，分别处于上游和下游的国家将会发生经常性的利害对立，由此可能导致在 21 世纪发生"水战争"。随着海冰融化，蕴含丰富的交通和自然资源的北极地区引起多个国家的高度关注，丹麦、加拿大、俄罗斯、美国等国家分别宣称拥有北冰洋的主权，并展开了相应行动，俄罗斯在北冰洋底插上了国旗，美国则在从阿拉斯加到冰岛的漫长北极线上建起了弹道导弹预警系统，部署了相当规模的战略核潜艇、弹道导弹和截击机，并联合加拿大构筑了"北美空间防御司令部"。北冰洋争夺战随时可能爆发，不得不引起全世界人民的担忧。

第二节 节能减排事业在全球的发展和主要经验

节能减排就是节约能源、降低能源消耗、减少污染物排放。由于传统化石能源的大量使用，导致了严峻的能源问题和环境问题，给人类社会的可持续发展带来严重威胁。为此，世界组织及各国政府纷纷制定并颁布了节能减排的相应政策、措施和目标。

一、节能减排事业在全球的发展

联合国——气候变化框架公约 《联合国气候变化框架公约》是世界上第一个全面控制二氧化碳等温室气体排放，以应对全球气候变暖给人类经济和社会带来不利影响的国际公约，也是国际社会在对付全球气候变化问题上进行国际合作的一个基本框架。该公约于1992年6月4日在巴西里约热内卢举行的联合国环发大会上通过并于1994年3月21日正式生效。联合国政府间谈判委员会制定该公约的目标是：减少温室气体排放，减少人为活动对气候系统的危害，减缓气候变化，增强生态系统对气候变化的适应性，确保粮食生产和经济可持续发展。该公约确立了五个基本原则——"共同但有区别的责任"原则：发达国家应率先采取措施，应对气候变化；要考虑发展中国家的具体需要和国情，各缔约国方应当采取必要措施，预测、防止和减少引起气候变化的因素；尊重各缔约方的可持续发展权；加强国际合作；应对气候变化的措施不能成为国际贸易的壁垒。

联合国——京都议定书 1997年12月，在日本京都召开的《联合国气候变化框架公约》缔约方第三次会议，通过了旨在限制发达国家温室气体排放量以抑制全球变暖的《京都议定书》。2005年2月16日《京都议定书》正式生效。这是人类历史上首次以法规的形式限制温室气体排放。《京都议定书》规定，在2008～2012年（第一承诺期），发达国家（以发达国家为主）二氧化碳等六种温室气体的排放量平均要比1990年减少52%。各发达国家从2008年到2012年必须完成的削减目标是：与1990年相比，欧盟削减8%、美国削减7%、日本削减6%、加拿大削减6%、东欧各国削减5%～8%。新西兰、俄罗斯和乌克兰可将排放量稳定在1990年的水平上。议定书同时允许爱尔兰、澳大利亚和挪威的排放量比1990年分别增加10%、8%和1%。按照"共同但有区别的责任"原则，发展中国家在这一时期不承担量化的减排义务。为了促进各国完成温室气体减排目标，《京都议定书》确立了三种灵活减排机制，即联合履行机制（J1）、清洁发展机制（CDM）和排放贸易机制（ET）。这些灵活机制有效地推动了《京都议定书》框架下减排行动的开展。

欧盟——能源气候一揽子计划　欧盟议会于 2008 年 12 月 17 日通过的能源气候一揽子计划已经成为具有法律约束力的法规，作为世界上第一个在法律上承诺大幅度强制减排的地区，欧盟将在应对气候变化方面发挥模范带头作用，欧洲议会通过的能源气候一揽子计划，将会对 2009 年年底在丹麦哥本哈根达成有关应对气候变化协议做出贡献。欧盟能源气候一揽子计划是气候危机与当前经济和金融危机解决方案的一个重要组成部分。该计划将引导欧盟向低碳经济发展，鼓励开拓创新，提供新的商机，创造更多就业机会，从而提高欧盟产业的竞争。欧盟能源气候一揽子计划包括六部分内容：欧盟排放权交易机制修正案、欧盟成员国配套措施任务分配的决定、碳捕获和储存的法律框架、可再生能源指令、汽车二氧化碳排放法规、燃料质量标准。欧盟能源气候一揽子计划提出的节能减排目标是：到 2020 年，温室气体排放量在 1990 年基础上减少至少 20%，可再生清洁能源占总能源消耗的比例提高到 20%，煤、石油、天然气等化石能源消费量减少 20%。

英国——低碳转型计划　2009 年 7 月 15 日，英国政府公布了低碳转型计划。这是英国第一个为温室气体减排目标立法并发布《2008 气候变化法案》后，在应对全球变暖方面出台的又一举措，也是全球首次将二氧化碳量化减排指标进行预算式控制和管理，确定"碳预算"指标，并分解落实到各领域，标志着英国政府正主导经济向低碳转型。英国在推进经济向低碳转型方面已经取得了很多进展。目前的温室气体排放量已经比 1990 年的水平下降了 21%，超出了英国在《京都议定书》中作出承诺的近两倍。其在低碳转型计划中提出：到 2020 年温室气体排放总量在 2008 年水平的基础上减少 18%，即相当于在 1990 年排放水平的基础上减少 34%；到 2050年，温室气体排放总量在 1990 年排放水平的基础上减少 80%。英国政府还同时发布了《英国可再生能源战略》和《低碳交通：更环保的未来》。英国《可再生能源战略》介绍了英国如何在 2020 年前使所有能源（电、热、燃料）中可再生能源的比重达到 15%；《低碳交通：更环保的未来》描述了在未来 10 年内如何使国内交通工具的碳排放减少14%。

德国——能源和气候保护一揽子方案 德国政府2007年12月5日公布了一个包括14项政策法规在内的能源和气候保护一揽子方案，以提高能源利用效率和增加可再生能源的使用比例。根据该方案中新的《可再生能源取暖法》，至2020年建筑取暖中使用太阳能、生物燃气、地热等清洁能源的比率将由目前的6%提高到14%。方案还修改了《可再生能源法》，规定至2020年，将清洁电能的使用率由目前的12%提高到25%～30%。德国政府在该方案中重申了以前制定的气候保护目标规定，即至2020年，将德国国内二氧化碳排放量在1990年的水平上降低40%。

法国——气候计划 2004由于法国采取了一系列的措施，如环保税、气候计划等，其减排压力不断减小。2004年7月22日，法国政府发布了《气候计划2004》，该项计划旨在每年减少3%的温室气体排放量，到2050年前把温室气体的排放量减至1990年的25%。该气候计划的内容以鼓励措施为主，目标包括改变人的习惯、研发推广高性能技术、减少排碳能源的使用、利用可再生能源等。

澳大利亚——减少碳污染计划绿皮书 澳大利亚政府于2007年12月签署了《京都议定书》。在此之前，也先后制定了相应的应对气候变化行动方案，如1998年的《国家温室气体战略》，2002年的《更好环境的配套措施》，2004年的《气候变化战略》，2005年的《澳大利亚未来能源安全》，2007年的《气候变化与生产率计划》、《气候变化与适应伙伴计划》等，以支持可再生能源发展、提高能效、引导企业减排等。2008年5月13日，澳大利亚政府气候变化部发布《2008～2009年气候变化财政预算》，指出政府将会在五年内斥资23亿美元用于温室气体减排，应对气候变化。2008年7月，澳大利亚气候变化部发布《减少碳污染计划绿皮书》，澳大利亚政府承诺，到2050年将澳大利亚的温室气体排放量在2000年的基础上减少60%。

日本——新国家能源战略 2006年5月31日，日本经济产业省编制了以保障能源安全为核心的《新国家能源战略》。日本的能源政策迎来了一个转折期。新战略在分析总结世界能源供需状况的基础上，从建立世界上最先进的能源供求结构、强化资源外交及能源、环境国际合作、充实能源紧急应对措施等方面，提出了今后25年日本能源八大战略及有关配套政策，使日本能源发展战略目标更为清晰。新国家能源战略中提出的八大能源战略包括：节能先进基准计划、未来运输用能开发计划、新能源创新计划、核能立国计划、能源资源综合确保战略、亚洲能源环境合作战略、强化国家能源应急战略、引导未来能源技术战略。日本在新国家能源战略中提出的节能减排目标为：到2030年，一次能源石油的使用从目前的50%降低到40%以下，原油的自主开发程度从现在的15%提高到40%以上，能源效率比目前提高30%，运输对石油的依存度从目前的98%减少到80%左右，太阳能发电成本与火力发电成本相当，核电比例从目前的29%提高到30%～40%，新能源和可再生能源的利用率达到10%。

美国——清洁能源与安全法案　美国议会于2009年7月通过了保证美国能源安全的清洁能源与安全法案，这项里程碑似的立法将推动美国对清洁能源技术投资，创造数以百万计的高收入机会，从而为美国经济复苏提供动力。该法案也能减少美国对石油的依赖，削减导致全球变暖的二氧化碳污染，从而加强美国能源安全和对全球的领导力。该法案包括四部分内容：清洁的能源，包括促进可再生能源使用、碳捕获和封存技术、低碳交通燃料、智能电网及输电的普及应用；提高能效，提高所有经济部门的能效，包括建筑、电器、交通运输和工业；减少温室气体排放，制定了一个以市场为导向的控制全球温室气体排放的计划，即总量控制与排放交易计划，以限制主要污染源的二氧化碳以及其他吸收热量的污染物的总排放量；向清洁能源经济转变，在美国向清洁能源经济转变过程中，保护美国消费者和美国工业并增加绿色就业机会。

二、全球节能减排事业的主要经验

全球节能减排呼声越来越高，众多国家积极进行节能减排工作，完善法律框架、确立清晰目标、加强制度建设、实行优惠政策、利用市场机制、发展循环经济、依靠科技创新，积累了许多具有借鉴意义的经验。

（一）完善法律框架

德国是欧洲国家中节能减排法律框架最完善的国家之一。2004年德国政府出台了《国家可持续发展战略报告》，其中专门制定了"燃料战略——替代燃料和创新驱动方式"。德国"燃料战略"的目的是减少化石能源消耗，达到温室气体减排。"燃料战略"共提出四项措施：优化传统发动机，合成生物燃料，开发混合动力技术和发展燃料电池。德国的《废弃物处理法》最早制定于1972年，1986年修改为《废弃物限制及废弃物处理法》。在主要领域的一系列实践后，1996年德国提出了新的《循环经济与废弃物管理法》，2002年出台了《节省能源法案》，把减少化石能源和废弃物处理提高到发展循环经济的思想高度并建立了系统配套的法律体系。

2006年，日本经济产业省编制了《新国家能源战略》。该《战略》中所阐述的八大战略及措施，条条都与节能减排、开发利用新能源有关。其中第一条战略就是"节能减排先进基准计划"，该计划目标是"制定支撑未来能源中长期节能减排的技术发展战略，优先设定节能减排技术领先基准，加大节能减排推广政策支持力度，建立鼓励节能减排技术的创新体制"。而实际上，日本早在1979年就颁布实施了《节约能源法》，后来又对其进行了多次修订，最近一次是在2006年。该法对能源消耗标准做了严格的规定，并奖惩分明。从1991年至2001年，日本还先后制定了《关于促进利用再生资源的法律》、《合理用能及再生资源利用法》、《废弃物处理法》、《化学物质排出管理促进法》、《2010年能源供应和需求的长期展望》，通过强有力的法律手段，进一步全面推动各项节能减排措施的实施。

美国现行节能法规主要体现在2005年8月布什总统签署的《2005年国家能源政策法》中。另外，美国早在1976年就制定了《固体废弃物处置法》，后又经过多次修改。美国是世界上最大的能源消耗国和污染物排放大国，美国的法律法规就能源消耗和污染标准进行严格、详细的限制，任何企业如有违规行为，该企业和政府执法部门都将面临非常大的社会压力，如果一家企业被判处违反节能、洁能法规，处罚将非常严厉，要么倒闭垮台，要么常年承担清理污染责任而负担沉重。而值得一提的是，尽管美国联邦政府对管制二氧化碳排放一直持消极态度，但一些态度积极的州则签订了具有约束力的州际二氧化碳排放份额交易协定，以减少二氧化碳的排放。2007年4月，美国联邦最高法院作出判决，认为二氧化碳属于污染物质，应当受《清洁空气法》的调整，联邦环保局应当对汽车尾气的排放予以管制。

（二）确立清晰目标

据统计，欧洲94%的二氧化碳排放是由于使用石油、煤炭和天然气等能源造成的。欧盟承诺，到2008～2012年间，要在1990年的基础上将温室气体排放量减少8%。但若不采取具体措施，预计到2010年温室气体排放量将增加5.2%。因此，欧盟强调节约能源和开发使用可再生能源是防止全球气候变暖的关键，并于2002年4月提出了所谓"欧洲聪明能源"计划，主张在需求方面加强节能对策，在供给方面要重视可再生能源开发利用，要求成员国每年将能源使用效率提高1%，到2010年可再生能源的消费比例从6%提高到12%。2007年2月欧盟推出"能源新政"，又推出了一个强制性目标，即到2020年使可再生能源在能源消费总量中的比重达到20%。在提高能效方面，到2020年使初级能源消耗量比目前节约20%。此举意味着到2020年欧盟将比现在少消耗13%的能源，因此每年可少产生780吨二氧化碳。"能源新政"还单方承诺，到2020年欧盟的温室气体排放量将比1990年的水平低20%。欧盟同时强调，节能减排需要全世界共同努力，在《京都议定书》2012年失效后，若其他发达国家同意到2020年将温室气体排放量减少到比1990年的水平低30%，那么欧盟也会相应提高减排目标。目前欧盟已基本完成了《京都议定书》规定的到2020年温室气体排放量比1990年的水平减少8%的目标。

英国是世界上控制气候变化最积极的倡导者和实践者，也是先行者。与欧盟整体行动相呼应，英国于2007年3月13日公布了全球首部应对气候变化问题的专门性国内立法文件——《气候变化法（草案）》。草案愿意对《京都议定书》为欧盟规定的目标承担更多的责任，并为英国制定了一个清晰而连贯的中长期减排目标：到

2020 年，将二氧化碳排放量在 1990 年的基础上削减 26% ~ 32%；到 2050 年，将总排放量削减至少 60%，实现低碳经济。

鉴于经济发达程度相近，国内政治环境趋同等因素，德国、法国等欧洲发达国家及美国拟议中的同类计划将在很大程度上采取与英国相同的计划取向，即通过为国民经济设立中长期节能减排目标，谋求实现整个国民经济体系向更环保、更有效率的"低碳经济体"转变。比如，美国在其《综合国家能源战略》中要求，到 2010 年电力系统燃煤发电效率要达到 60% 以上，燃气发电效率达到 70%；主要的能源密集型工业部门的能源消费总量减少 25%，交通领域将推出燃料利用率 3 倍于常规交通工具的新型私人交通工具等。

（三）加强制度建设

为了有效地实施节能减排的相关法律法规，并实现其提出的相应目标，欧美国家政府先后配套出台了各种制度，使节能减排的有关法律法规的实施得到切实具体的落实，并见到实实在在的成效。

在这方面日本很有代表性，日本政府对能源消费总量不同的企业实施分类管理制度，即根据能源消耗多少对能源使用单位进行分类，指定能源消耗折合原油 3000 千升以上或耗电 1200 万千瓦时以上的单位为一类能源管理单位，能源消耗折合原油 1500 千升以上或耗电 600 万千瓦时以上的单位为二类能源管理单位，并要求上述单位每年必须减少 1% 的能源消耗，对于一类能源管理单位规定其必须建立节能减排管理机制，任命节能减排管理负责人，向国家提交节能减排计划，定期报告节能减排情况。另外，对企业的节能减排管理人员实行"节能减排管理师制度"，由国家统一认定节能减排管理人员从业资格，并加强对节能减排管理人员的培训；对用能产品实施产品标准"领跑者"制度，各种产品强制实行能效标识制度，规定执行"领跑者"制度，鼓励和激发企业不断创新的内在动力；对各类建筑物实施用能管理制度，用能超过限额的建筑物必须配备能源管理员，并向政府有关部门提交节能中长期计划和年度计划等。

欧盟委员会于 1992 年 9 月颁布欧盟统一能效标识法规（92，75/EEc 能源效率标识导则），要求生产商在其产品上标出产品的能源效率等级、年耗能量等信息，使得用户和消费者能够对不同品牌产品的能耗性进行比较。目前，欧盟已对家用电冰箱、洗衣机、照明器具、空调器等七种产品实施了强制性的能效标识制度。该制度的实施已使欧盟取得了显著的经济效益和环境效益：一是节约能源。1992～2000年，家用电冰箱累计能源消耗比未实施标识前降低了16%，到2020年预计达到21%，节电量将达到350亿千瓦时。二是降低二氧化碳等温室气体排放。2000年减排量达到420万吨，2010年将达到1260万吨，2020年将达到1720万吨。此外，使消费者节约了电费。

澳大利亚的能效标识制度在州一级有深厚的基础。1985年，南威尔士和维多利亚州制定了强制性的能效标识制度。1999年澳大利亚实施全国统一的能效标识制度。迄今已对电冰箱、空调、洗衣机、洗碗机和干衣机等五类产品实施了强制性的能效标识，对燃气热水器等三种使用煤气和天然气的产品实施了自愿性的能效标识。到1997年（当时尚没有实施全国统一标识），能效标识的实施使电冰箱的耗电量比未实施标识时的可能耗电量降低12%，洗碗机降低16%，空调降低6%，家用电器标识项目在2010年将减排二氧化碳38万吨。

（四）实行优惠政策

美国主要通过财税优惠政策鼓励企业及家庭、个人更多地使用节能、洁能产品，以达到减排目标。在未来10年内，美国政府将向全美能源企业提供146亿美元的减税额度，以鼓励石油、天然气、煤气和电力企业采取节能、洁能措施。美国政府在2001年的财政预算中，对新建的节能住宅、高效建筑设备等都实行减免税收政策。对于超出最低能效标准的商业建筑，每平方英尺减免75美分，约占建筑成本的2%。在个人消费方面，如私人住宅更新取暖、空调等家庭大型耗能设施，政府将提供税收减免优惠，甚至更换室内温度调控器、换窗户，维修室内制冷制热设备的泄漏等，也可获得全部开销10%的税收减免。规定购买太阳能设施30%的费用可用来抵税。另外，美国各州政府还根据当地的实际情况，分别制定了地方节能产品税收优惠政策。如加州节能型洗碗机、洗衣机、水加热设备，减税额度在50～200美元之间。此外，美国规定购买燃料电池的车等新型车辆的消费者可享受抵税优惠。

在欧洲，法国通过减免税，鼓励在工业、服务、住房建筑、交通运输等领域采用节能型设备，如政府采取多项措施，鼓励使用同时生产电力和热能的设备。此外，法国政府还鼓励企业和个人研制和使用、利用太阳能或电能的清洁汽车，通过优惠的折旧条件，促使清洁汽车和相关设备进入市场。荷兰政府制定了一个能源目录，明确规定能够享受能源税收优惠政策的主要项目类型，如建筑物的保温隔热、高能效生产设备、余热利用设备、太阳能、风能等，可享受10%的投资优惠。此外，节能设备还可以有12%～13%的能源税收优惠。

日本则对使用列入目录的111种节能设备实行税收减免优惠。减免税收约占设备购置成本的7%。另外，经济产业省决定从2007年起大幅提高对家庭住宅建设的节能补贴，补贴的总金额将从2006年的每年6亿日元增加到12亿日元，每年大约有1600个家庭可以获得该项节能补贴。

（五）利用市场机制

为促进节能减排，欧美国家无论实行强制性政策还是实行诱导性政策，其立足点都放在充分利用市场机制上。也就是说，欧美国家节能减排能取得重大进展，是其政府政策和市场机制相互配合的结果。比如，欧盟成员国实行的固定价格法和固定产量（比例）法，对欧盟可再生能源发展促进特别大。

固定价格法是指国家确定可再生能源发电的上网价格（大大高于化石能源发电的价格），而发电量的多少由市场决定。采用固定价格法的国家主要有法国、丹麦、西班牙等，这些国家通常由国家与可再生能源发电生产商签署10～15年的采购协议，协议期间价格基本固定，有力地促进清洁电力的大量生产和可再生能源电力生产商追求规模经济效益。

固定产量法是指国家规定发电商或经营电网的配电商保证一定比例的电力必须来源于可再生能源发电，而可再生能源发电的价格则由竞争性市场决定。采取固定产量法的国家主要有意大利、瑞典、英国等。固定产量法迫使可再生能源发电企业努力降低生产成本，并导致"可交易绿色证书"市场的出现。"可交易绿色证书"市场是指那些可再生能源发电比例不足的发电商或配电商可以从那些可再生能源发电比例超标的发电商或配电商按照市场价格购买清洁电力用于上网。

日本认为,节能减排工作既需要有政府"有形之手"的推动和支持,更需要市场"无形之手"的培育和考验。日本政府大力扶持节能减排服务产业,把"有形之手"和"无形之手"有机地结合起来,形成合力,按市场经济的客观规律做好节能减排工作。如能源服务公司(ESCO)就是按合同对能源进行统一管理的一种运作机制,是以盈利为目的的能源专业化服务公司。

(六)发展循环经济

循环经济是以资源利用最大化和污染排放最小化为目标,将清洁生产和生活废弃物回收利用、生态平衡与可持续发展等融为一体的经济运行模式。循环经济的最大特点是以资源节约和废弃物循环利用,即单位产出资源消耗减量化为手段,可以实现广义节能;而且可以从源头和全过程预防污染产生,实现废弃物排放的最小化和无害化。可见,发展循环经济是从源头实现节能减排的最有效途径。目前,欧美发达国家都将循环经济视为节能减排的重要方式,而且表现出一种强烈的国家行为。

以往市场经济观念认为,一般情况下国家应尽可能减少对经济的干预。但近年来在用循环经济方式推进节能减排方面,欧美国家则排除争论,打破常规,态度非常积极,不仅通过立法,而且还充分利用了行政手段进行制度创新,政府成为强有力的主导力量。欧美国家在探索循环经济发展模式上,比较有代表性的有卡伦堡生态工业园区模式和杜邦化学公司模式。前者是一种区域层面上的模式,即工业园区层面的循环经济。把不同工厂联结起来,形成共享资源和互换副产品的产业共生组合,使一个企业产生的废气、废热、废水、废渣在自身循环利用的同时,成为另一个企业的能源和原料。后者是一种在企业层面上建立的小循环模式。其方式是组织厂内各工艺之间的物料循环。生态工业园区与传统的工业园区最大的不同是它不仅强调经济利润的最大化,而且强调节能减排,要使经济、环境和社会功能协调和共进。

（七）依靠科技创新

科技创新是节能减排的重要保证。近年来，欧盟成员国依靠政策引导，开发出了一系列的节能减排技术，通过不断改造工业制造业高耗能设备，以及更多地采用供热、供气和发电相结合的方式，提高了热量回收利用效率。目前欧盟成员国已有多种型号具备节能减排功能的新型涡轮发电机投入使用，这种发电可将工厂锅炉产生的多余动能用于发电，从而产生出更多的电能，其能效提高了 30%以上。另外，通过成员国企业联合的方式，将工厂产生的余热收集起来，直接提供给其他制造业企业或城市耗能设备。据悉，仅此一项改造就节省电能 20%，减少二氧化碳及有害气体排放量 15%。欧盟成员国还将垃圾转换能源（WTE）的理念视作"生态循环社会"的一个重要标志。这极大地促进了垃圾焚烧新技术和设备的开发、生产及实际应用，从而提高了垃圾和烟气中的有机物燃烧效率和热利用效率，大幅度减少了有害物质的生成，最大限度减少了环境污染和温室气体排放量。新型建筑材料也成为欧盟成员国不断研发的重点，并使得以往的砖、石、土、木等传统建筑材料被保温、防腐、耐辐射、密封性能优良的混合型建材和各种各样的节能玻璃所取代。日本各大公司，尤其是涉及国民经济的钢铁、冶炼、电力、交通等部门都在进行科技创新，挖空心思节能减排。比如，现在一款开门超过 30 秒就会发出提醒的嗡嗡声的真空绝缘电冰箱一年只耗电 160千瓦时，这只是 10 年前标准冰箱耗能的 1/8。而丰田和本田已成为世界上生产混合燃料车技术的领先者，丰田和本田汽车公司开发的混合燃料公交车除节能外，还没有废气排出的难闻气味，同时几乎是静音行驶。

第三节 我国节能减排工作的基本情况

我国节能减排工作开展比较早，节能办、环保局这些机构早在改革开放前就在我国开始设立。20 世纪末期，我国世界工厂的地位已经初步确立，能源消耗和污染排放进一步受到关注。1998 年 1 月

1 日，我国开始实施《中华人民共和国节约能源法》，用法律的形式明确了"节能是国家发展经济的一项长远战略方针"，此后，国务院、经贸委、建设部、交通部、中央银行、水利部、工商总局等各个部委，陆续出台《重点用能单位节能管理办法》、《民用建筑节能管理规定》、《交通行业实施节能法细则》等等一系列规定和办法，并针对专门能源和专门行业制定了具体办法，并且年年下发节能工作通知，中国节能产品认证管理委员会还出台了《中国节能产品认证管理办法》。2004 年，国务院颁发《能源中长期发展规划纲要（2004—2020 年）》，2005 年，国务院发布了《关于做好建设节约型社会近期重点工作的通知》。2006 年《国民经济和社会发展第十一个五年规划纲要》明确提出："十一五"期间单位 GDP 能耗降低 20% 左右。

在减排工作方面，我国相应环境法律制度启动较早。进入 21 世纪，2000 年《中华人民共和国大气污染防治法》颁发，《中华人民共和国水污染防治法实施细则》开始实施，此后，《中华人民共和国清洁生产促进法》（2002 年），《中华人民共和国环境影响评价法》（2002 年），《中华人民共和国固体废物污染环境防治法》（2004 年修订），以及一大批行业环境保护规则陆续出台。2006 年《国民经济和社会发展第十一个五年规划纲要》明确提出："十一五"期间主要污染物排放总量减少 10%，并作为具有法律效力的约束性指标。

2007 年 4 月 25 日，国务院成立节能减排工作领导小组，由温家宝总理任组长，曾培炎副总理任副组长，把节能和减排两项工作合并在一起进行统筹安排，协调解决工作中的重大问题，提高了节能减排工作的权威性和有效性。随后，国务院连续发布了《节能减排综合性工作方案》（2007 年）、《中国应对气候变化国家方案》（2007 年），交通部、住建部、环保部、商务部、国家电监会、国家能源局、财政部、税务总局等部委分别在行业内制定了相关工作办法和奖惩细则。《节能减排综合性工作方案》明确了实现节能减排的目标和总体要求：到 2010 年，万元国内生产总值能耗由 2005 年的 1.22 吨标准煤下降到 1 吨标准煤以下，降低 20% 左右；单位工业增加值用水量降低 30%。"十一五"期间，主要污染物排放总量减少 10%，到 2010 年，二氧化硫排放量由 2005 年的 2549 万吨减少到 2295 万吨，化学需氧量（COD）由 1414 万吨减少到 1273 万吨；全国城市污水处理率不低于 70%，工业固体废物综合利用率达到 60% 以上。目前来看，这个目标是具有相当挑战性的。

2009 年 6 月 5 日，温家宝主持召开节能减排工作会议，强调要坚持以科学发展观为指导，进一步增强做好节能减排工作的紧迫感和责任感，把节能减排作为调整经济结构、转变发展方式的重要抓手，作为应对国际金融危机、促进经济发展的新的增长点，全面深化改革，完善体制机制，加大工作力度，打好节能减排攻坚战，并具体提出以下工作要点：

（1）严控"两高"行业盲目扩张。严格执行国家产业政策和项目管理规定，强化用地审查、节能评估、环境影响评价，从严控制"两高"行业低水平重复建设，继续控制"两高一资"产品出口。2009 年，"上大压小"关停小火电机组 1500 万千瓦，淘汰落后炼铁产能 1000 万吨、炼钢产能 600 万吨、水泥产能 5000 万吨。完善淘汰落后产能退出机制。

（2）突出抓好重点工程和重点领域。加大中央和地方财政对节能减排重点工程投入力度，引导社会投资。2009 年，形成工程节能能力 7500 万吨标准煤，新增城市污水日处理能力 1000 万立方米，新增燃煤电厂烟气脱硫设施 5000 万千瓦以上。继续推进千家企业节能行动，形成 2000 万吨标准煤的节能能力。完善北方采暖地区即有居住建筑节能改造 6000 万平方米。鼓励汽车、家电"以旧换新"。

（3）大力发展循环经济。建立循环经济发展专项资金，支持循环经济技术开发、示范推广、能力建设。加快再生资源回收体系建设。继续推动"限塑"、秸秆综合利用，治理商品过度包装。

（4）加快高效节能产品推广。实施"节能产品惠民工程"，通过财政补贴方式推广高效节能空调、冰箱等 10 大类产品；支持在北京、上海、重庆等 13 个城市开展节能与新能源汽车示范试点，推广节能灯 1.2 亿只。

（5）深化改革，完善政策。落实成品油价格和税费改革方案，完善天然气价格形成机制，修订高污染、高环境风险产品名录，进一步扩大用于节能减排的企业债券发行规模，推进有条件的地区开展排污权有偿使用和交易试点，制定发布固定资产投资项目节能评估和审查办法、城镇排水及污水处理条例，修订重点用能单位节能管理办法、能效标识管理办法，继续组织制订、修订高耗能产品能耗限额强制性国家标准和产品强制性能效标准。

（6）加强节能减排监管，强化目标责任制。将省级政府 2008 年节能减排目标责任评价考核结果向社会公告，落实奖惩措施，加强督促检查，进一步强化政府的主导责任。

（7）加强能力建设。加快完善节能减排统计、监测和考核体系，加强人才培养，强化科技支撑。

（8）积极参与国际合作。切实加强双边、区域和多边在节能、新能源和低碳技术研发等方面的合作。

第二章

环境危机产生的
根源分析

　　环境既是一个自然科学概念，也是一个经济学概念，还是一个社会学概念。环境提供生命支持系统以维持人类的基本生存，衣、食、住、行无一不来源于环境，环境作为最终的和特殊的资产支持着人类的生产系统，采掘业、农业、工业无一不以环境作为原料的来源，并作为废弃物的"仓库"。长期以来，人们更多关注了后者，对发展生产钟爱有加，甚至错把生产作为了人类更好生存的基础，忽视了环境在人类生活和生产中的辩证统一性。可持续发展观协调人类生产与生存之间的统一、经济系统与环境系统之间的联系，这是人类改善自身生存状况的必由之路。

第一节　环境危机的基本原理和
人类经济活动的影响

　　目前存在的严峻的环境问题有着自然变动和人类影响两方面的影响因素。原生环境问题是主导的，但却是偶然的、不连续的和没有固定方向的；由人类活动引起的次生环境问题虽然破坏力比较小，但却是潜移默化、连续不断，并且是持续恶化的，这对人类生存形成了"看不见"的威胁。另外，次生环境问题往往会诱发原生环境问题，如过度砍伐和放牧导致植被减少、水土流失沙漠化（生态破坏），过度采矿和措施不力导致地面塌陷、诱发地震等等。科学认识环境自身的变动规律和人类对环境的影响对环境危机的根源认识非常重要。

一、环境的概念、组成及其可能发生的环境问题

　　所谓环境，就其词义而言，是指周围的事物，而且总是相对于某一中心事物而言，作为某一中心事物的对立面而存在的。在环境保护中，"环境"的概念通常是指以人或人类作为中心事物，由其他生物和非生命物质构成人类的生存环境。

　　人类环境由自然环境和社会环境（人工环境）组成。自然环境是人类生活和生产所必需的自然条件和自然资源的总称，即阳光、温度、气候、地磁、空气、水、岩石、土壤、动植物、微生物以及

地壳的稳定性等自然因素的总和；而社会环境是人类在自然环境的基础上逐步创造和建立起来的一种人工环境，如工农业生产环境，机场、港口、公路、铁路等交通环境，城市、村落等聚落环境，等等。社会环境作用于自然环境，形成实质上的"第二自然环境"。以下所称环境主要是指由地球表层大气圈、水圈、岩石圈、土壤圈和生物圈所组成的与人类息息相关的自然地理环境。

大气圈是在地球表面以上的空间存在着的随地球旋转的大气层。大气圈中对流层和平流层与人类的关系最为密切。对流层对人类影响很大，风、雪、雨、雹、雷、电、雾等天气现象均发生在这一层，而且排入大气的污染物也绝大部分活动在离地面 1 ~ 2 千米的近地层。在平流层当中，有一厚约 20 千米的臭氧层，能强烈吸收太阳紫外线而减少太阳对人体的灼伤。由于人类大量使用氟利昂等破坏臭氧层物质，形成"臭氧空洞"，对人类生存造成极大威胁。大气是多种气体的混合物，除含有各种气体元素及化合物外，还有水滴、冰晶、尘埃和花粉等杂质。大气由恒定的、可变的和不定的三种组分组成。恒定组分包括氮、氧、氩，以及微量的氖、氦、氪、氙、氢等稀有气体。可变组分主要指大气中的水蒸气和二氧化碳，其含量受地区、季节、气象以及人们的生产和生活活动的影响而有所变化。二氧化碳过量排放形成"温室效应"，导致全球气温升高、冰川融化和气候干燥化。不定组分主要来源于自然界的火山爆发、森林火灾、海啸、地震等（如硫、硫化氢、尘埃、硫氧化物、氮氧化物、盐类、恶臭气体）和人类的生产和生活活动（如煤烟、尘埃、硫氧化物、氮氧化物）。当排放到大气中的有害不定组分（大气污染物）的数量和持续时间均足以对人、生态及材料等产生不利的影响和危害时，就形成大气污染。

地球上海洋、河流、冰川（融化水）、地下水、湖泊、大气含水、土壤水和生物水，在地球周围形成了一个紧密联系、相互作用、又不断相互交换的水圈。在一般意义上，水体是海洋、河流、湖泊、水库、沼泽、地下水的总称，而在环境保护中，则把水体看作完整的生态系统或完整的自然综合体。水体包括水中的悬浮物质、溶解物质、水生生物和底泥等。各类天然水体都有一定的自净能力。污染物质进入天然水体后，通过一系列物理、化学和生物因素的共同作用，使水中污染物质的浓度降低，这种现象称为水体的自净。但是这种自净作用是有一定限度的。在一定的时间和空间范围内，如果污染物质大量排入天然水体并超过了水体的本底含量和自净能力，就会造成水质恶化，从而破坏了水体的正常功能，形成水体污染。

土壤圈是地壳中的岩石经长期风化形成的疏松土层，位于陆地表层，呈连续分布，具有肥力并能生长植物。由土壤构成的土壤圈是整个生物圈的基础。土壤是矿物质、有机质和活的有机体，以及水分和空气等的混合体。土壤水分及其所含的溶解物质和悬浮物质总称为土壤溶液，它是植物和微生物从土壤中吸收营养物质的媒介，也是污染物在土壤中迁移的主要途径。人类的生产、生活活动产生的三废（废水、废气、废渣）直接（通过大气、水体和生物）或间接向土壤系统排放并在其中积累，当三废物质数量超过一定限度后，将破坏土壤系统的平衡，引起土壤系统的成分、结构和功能的变化（如重金属含量过高，土壤板结、肥力下降或丧失等），即发生土壤污染。

生物圈是指地球上有生命的部分，即地球上所有的生物，包括人类及其生存环境的整体。生物圈是地球上最大的生态系统，它包括海平面以上 9 千米、海平面以下 10 千米的范围。在这个范围内有正常的生命存在，有构成生态系统的生产者、消费者、分解者和无生命物质等四个组成部分，有能量的流动和物质的循环。生态系统是由生物群落和环境共同组成的自然整体，具有开放性（物质循环和能量循环）、运动性（相对稳定状态）、自我调节性（适应外界变化条件，维持系统动态平衡）、相关性（彼此相互联系）、演化性（产生、发展、消亡的周期性）等特征。生态系统内的生产者、消费者和分解者之间保持着一种动态平衡，使得生态系统具有一定的自动调节能力和代偿功能。若外力的影响超过一定限度，就会引起生态失调，乃至生态系统的崩溃。人类对生物圈的破坏性影响主要表现在三个方面：（1）农业开发和城市化把自然生态系统大规模地转变为人工生态系统，严重干扰和损害了生物圈的正常运转；（2）过度攫取生物圈中的各种生物和非生物资源（如森林和水资源）破坏了生态平衡；（3）大量使用化肥、农药和排放废水、废气、废渣严重污染和毒害于生物圈的物理环境和生物物种（包括人类自身）。

二、环境问题的产生和类型

由于自然或人为活动使环境发生变化，带来不利于人类的结果，形成环境问题。严重的环境问题称为环境危机。由自然力引起的称为原生环境问题，又称第一环境问题，如火山爆发、洪涝、干旱、地震、流行病等自然界的异常变化；由人类活动引起的称为次生环境问题，又称第二环境问题，这是人类当前面临的最为严峻的挑战之一。原生环境问题和次生环境问题在今天有时难以截然分开，它们经常相互影响、相互作用。例如，由于人口激增和盲目发展农业生产，使毁林开荒、超载放牧、乱砍滥伐的现象上升，导致水土流失，天然植被大幅度减少，水土保持能力大幅度下降，继而发生水土流失和沙漠化（生态破坏），其结果是我国南方地区洪涝灾害频繁，北方地区持续干旱、沙尘暴肆虐（自然灾害），从而酿成人为的天灾。在这一意义上，次生环境问题使原生环境问题发生的频率及危害程度激增。

环境问题可以分为环境污染与生态环境破坏两类。由于人为或自然的因素，使环境的化学组成或物理状态发生了变化，与原来的情况相比，环境质量恶化，扰乱和破坏了生态系统和人们正常的生产和生活条件，这种现象称"环境污染"，又称"公害"，如工业生产排放的三废（废水、废气、废渣）对水体、大气、土壤和生物的污染。"生态环境破坏"主要指人类盲目开发自然资源引起的生态退化及由此而衍生的环境效应，如因过度放牧引起的草原退化，因毁林开荒造成水土流失和沙漠化等。

环境问题是随着人类社会的迅速发展而产生并加剧的，近现代的严重环境污染除了前面提到的"八大公害"事件，还有印度博帕尔毒气泄漏事故、前苏联切尔诺贝利核事故、莱茵河污染事件、中国重庆井喷事故等。而且，当前人类还面临着臭氧层破坏、温室效应、酸雨、海洋污染、有害废物越境转移、物种减少等全球性环境问题的挑战。

环境在未受到人类干扰的情况下，环境中化学元素及物质和能量分布的正常值，称为环境本底值。环境对于进入其内部的污染物质或污染因素，具有一定的迁移、扩散和同化、异化的能力。在人类生存和自然环境不致受害的前提下，环境可能容纳污染物质的最大负荷量，称为环境容量。任何污染物对特定的环境及其功能要求，都有其确定的环境容量。污染物质或污染因素进入环境后，将引起一系列物理的、化学的和生物的变化，而自身逐步被清除出去，从而环境达到自然净化的目的。环境的这种作用，称为环境自净。人类活动产生的污染物或污染因素，进入环境的量，超过环境容量或环境自净能力时，就会导致环境质量恶化，出现环境污染。

环境污染的发生大致都经历这样三个主要过程：污染源排放污染物，污染物在环境中扩散转化，接受者受到损害。污染源是造成环境污染的污染物发生源，通常指向环境排放有害物质或对环境产生有害影响的场所、设备和装置；污染物是进入环境后能使环境的组成、结构、性质、状态乃至功能发生直接或间接有害于人类生存和发展的物质；扩散途径指污染物在环境（大气、水体、土壤、生态系统（食物链））中迁移、转化、稀释、输送、排除的过程；受体，即污染物接受者及其反应，如人体（健康受损）、生物（受害）、食品（污染）、设备（腐蚀）等。

根据污染形成机制不同，环境污染可以分为一次污染和二次污染。污染物由污染源直接排入环境所引起的污染，称为一次污染，它是相对二次污染而言的，是环境污染中的主要类型，它一般由那些进入环境后物理、化学性质不发生变化的污染物造成。进入环境中的某些（一次）污染物，在介质（大气、水体、土壤等）中相互作用或与介质中的正常组分发生物理、化学、生物作用并生成新污染物（二次污染物）后，对环境产生的再次污染，称为二次污染。例如，无机汞化合物在微生物的作用下转变成对人体和生物危害更大的甲基汞，形成水俣病事件；又如，汽车排放的废气中的氮氧化物、碳氢化合物等在日光的强烈照射下发生光化学反应，生成臭氧、过氧乙酰硝酸酯、醛类等二次污染物，形成洛杉矶光化学烟雾事件。二次污染的危害往往比一次污染大，例如，一次污染物二氧化硫与氧气和水汽在金属离子的催化下，迅速光氧化而形成硫酸雾（气溶胶），其毒性比二氧化硫大 10 倍，能轻易侵入人体肺泡，引起肺水肿硬化而导致死亡，如多诺拉烟雾事件和伦敦烟雾事件。

污染物主要有大气污染物、水体污染物、固体废弃物和噪声。大气污染物主要包括二氧化硫、氮氧化物、总悬浮颗粒物、自然降尘、一氧化碳、氟化物、铅及其化合物等。水体污染物主要有氨氮物质、石油类物质、需氧有机物、挥发酚、汞和氰化物、重金属等。固体废弃物主要有矿业废物、工业废物、城市垃圾、农业废物和放射性废物。噪声来源于交通工具、工厂机器设备、建筑施工和人们的社会、家庭活动。

三、人类经济活动对环境的巨大影响

人类的经济活动开始于人类产生伊始，其最基本表现形式就是为了生存而寻求衣食住行等生存条件的活动。

在远古社会，人类的生存经验和劳动技能有限，经济活动限于采集和狩猎等简单形式，与自然规律紧密联系浑然一体，对自然环境基本没有影响。进入农耕社会以后，人类开始认识并利用一些基础性的自然现象和自然规律，兴修水利、平坡填池、耕种养殖、采掘放牧，并开始了初步的手工业和商事活动。在这一阶段，人类生产技能有所提升，对自然的影响能力开始增强，过度砍伐、渔猎和放牧形成的环境影响在一定范围内有所显现，在某些地区也出现了"千里沃野变成穷山恶水"的现象。但总的来说，这一阶段人类经济活动对环境的影响还是局部的、少量的，还没有使环境问题上升到大范围危及人类整体生存条件的程度。

18 世纪以来，机器的出现，生产技术的进步，使人类生产力突飞猛进地发展，人们的物质和文化生活日益提高，但对环境的破坏也超过了以往的任何时代。科学技术的进步，使人类千百年以来对自然仅有的神化的敬畏感也丧失了。以培根和笛卡儿为代表的"驾驭自然，做自然的主人"的思想开始影响全球，可怕的行动纲领——"向大自然宣战"、"征服大自然"开始确立起来。

工业化成为一把双刃剑，在极大改善人类生活生产条件的同时，

也极大地打破了自然环境原有的平衡。采掘业向地层深处插入一根根吸吮的管道，石油、地下水、煤炭以及其他大量矿层被从地下掏出来，形成地下空洞和压力差；化工业一边从自然界拿来资源和材料，一边向自然界肆虐的排放有毒的废气、废渣和废水，并带来了产成品管理不善和淘汰后的巨大破坏性污染；冶炼建材等行业把一座座山脉吃成平地，并带来大量的酸性气体和粉尘污染；其他各种工业也毫不示弱地加入对环境破坏的大军，把大自然视为一个人人皆可染指的宝库，一方面对自然资源疯狂的掠夺，另一方面把众多自然界无法消化、无法承受的废气、废渣、废水、光、热、噪声以及其他污染物质塞进自然的胸膛。

前面提到的次生环境问题，尤其是环境污染在工业化高速发展的过程中越来越突出。比利时马斯河谷事件、美国洛杉矶烟雾事件、美国多诺拉事件、英国伦敦烟雾事件、日本水俣病事件、日本四日市废气事件、日本米糠油事件、日本富山的骨痛病事件等等，充分显示了人类工业经济活动带来的环境影响。但当时的西方发达国家正陶醉于高增长、高消费的"黄金时代"，沉浸在"人类征服自然"的经济增长模式的成功之中，对这种环境问题不以为然。这种现象在当前中国的许多地方也比较明显。1962 年，美国女科学家蕾切尔·卡逊在身患癌症的情况下出版了她的著作《寂静的春天》，用惊世骇俗的预言，描绘了以化工和农药为典型的环境污染的灾难。

人类经济活动的片面快速发展是环境问题的最主要影响因素。

第二节　传统主流经济学说相对于环境系统的封闭性和独立性

经济学是在对人类经济活动经验进行总结的基础上形成的，反过来又可以指导人类的经济活动。早期的经济活动只考虑如何满足人类自身的生存需求，不考虑自然环境。这种思路在经济活动不断提升的过程中并没有得到明显转变，换句话说，在经济学从微观到宏观，从古典到新古典的发展演化中，其主流学派始终以发展生产满足人类的欲望和需求为目标和最高原则，并未充分关心自然环境的变化以及由此可能给人类生存带来的灾难。这是一个观念问题，是人们如何看待环境、如何看待自己、如何看待环境和自己关系的观念问题。西方主流经济学作为人类工业文明的产物，在总结人类从环境中自由掠取财富经验的同时，又在教唆着人们如何进一步去藐视自然，为了自己"经济人"的狭隘物质利益观，不断去索取。这种经济理论在指导人类的经济活动，尤其是工业生产活动和财富认识的同时，进一步影响了政治，影响了社会，影响了几乎整个人类的观念。近 50 年来，这一问题开始被经济学关注，曾经为人类工业文明做出过巨大贡献的西方主流经济学，在可持续发展理念的透视下，其历史局限性日显突出。"虽然我们不能说这样的经济学是导致人类在可持续发展上走入歧途的根本原因，但它所建立起来的一般准则已经成为统治人们经济行为的思想模式，其现实影响有目共睹，从这个角度，我们至少可以说主流经济学难逃其咎。"

一、经济人假设走向极端化，缺乏基本的环境意识

理性经济人假设是西方传统主流经济学的基石。该学说认为，人类的行为都是理性的，并且都是自利的，能根据市场的情况、自身处境和自身利益之所在，做出近乎正确的判断，并使自己的经济行为适应于从经验中学到的东西，从而使其所追求的利益尽可能最大化。自利，即追求自身利益，是经济行为的根本动机，这种动机和由此产生的行为有着内在的生物学根据。在此基础上，传统经济学衍生出一个核心的命题，即只要有良好的法律和制度保证，理性经济人追求个人利益最大化的行为就会无意识、有效地增进社会的公共利益，从而会导致个人与社会整体福利水平的最大化。亚当·斯密（Adam Smith）虽未明确提出理性经济人假说，但却对理性经济人假说的内涵做了经典的表述："每个人都力求运用他的资本，生产出最大的价值。一般而言，他既不打算促进公共利益，也不知道促进多少。他只考虑自己的安全，自己的所得。正是这样，他被一只看不见的手引导，实现着他自己并不打算实现的目标。通过追求他自己的利益，他常常能够与有意去促进相比，更加有效地促进社会的公益！"斯密相信经济秩序服从着一种内在的逻辑，并在一只

"看不见的手"的指引下去达到某种确定的目的。而后约翰·穆勒又依据西尼尔所提出的个人经济利益最大化公理，对斯密关于人类行为的看法进行了形式化的处理，明确提出了理性经济人假说。随着边际革命的出现，"经济人"的假设又不断地被抽象化和理想化，达到了登峰造极的地步，"理性"被极端化地理解为仅仅是一种数学的计算，也就是追求效用最大化的工具，"经济人"被转化为一种理性选择的概念，即目标函数的极大化。

理性经济人假说存在严重的缺陷或不足，许多学者，包括诺贝尔经济学奖另一得主西蒙（Simon）教授，都对其进行了深刻的质疑与批评。西蒙认为理性经济人应该改为有限理性，因为人们在现实的经济活动中要受到许多因素的制约，很难对将要产生的结果进行完全的了解和正确的预测。在进行决策的时候，还要受到决策人的技能、价值观、知识水平等因素的影响。因此，每个市场行为者不可能达到完全理性的行为，只能在有限的理性条件下进行经济活动。由于社会环境是十分复杂的，随着交易的增加，其不确定性也会上升，此时的信息就会更加不完全，制度经济学家也同样强调了人理性的有限。在这种情况下，个人只能把注意力放在做决策所必需的细节和计算上，更普遍的决策行为依赖于习俗、直觉、惯例、意志和模仿等，它不具有极大化的特征。蒂博·西托夫斯基（Tibor Scitovsky）在其《人是理性的，还是经济学家错了》一文中明确指出：心理学家和精神分析家揭示了人们实际受隐蔽的、非理性力量的推动，经济学家好像置若罔闻，仍然坚持人类理性的假定。他进而断言，经济学家之所以没有发现非理性的证据，主要是由于他们不想去发现它。以霍尔和希奇（Hall & Hecht）领导的"牛津经济研究组"和美国经济学家莱斯特（Lester）通过实地调查的方式，也否定了"最大化"的理性行为方式。阿玛蒂亚·森更是言辞激烈地把"理性经济人"假设斥之为是"理性的白痴"。

经济人假设假定每一个人天生具有趋利避害的本能，在经济活动中"会计算、会创造，并能获得最大利益"。也就是说，经济人主观上既不考虑社会利益，也不考虑自身的非经济利益，更不考虑子孙后代的利益。根据这一假设，主流经济学家普遍认为，"生产真正的主要动力，是各个资本家尽可能替自己的资本赚取最大利润的愿望。"在经济人假设指引下，被工业革命解放的人们忽视行为的非理性存在、非利己性存在，忽视利益的非物质性存在、非当前性存在，仅仅从自利角度，从眼前现实出发，只看重物质经济利益，追求物质利益的极大化，去自然界疯狂地攫取财富，向自然界无度地排放，造成了当前严重的环境危机。作为经济学的基石，经济人假设诱发了经济学的环境无价值论、环境非资源论、环境负外部性、狭隘唯物质利益核算理论、经济与环境的割裂论等一系列认识，严重影响了社会各界的环境意识的产生和发展。目前已经有众多学者注意到了这个问题，正在开始影响当代主流经济学的进一步发展。

二、错误认识环境对生产的意义，无视环境的资源性、有价性和稀缺性

西方传统主流经济学不承认环境的资源性，认为环境是"自由取用物"。资源的稀缺性是西方主流经济学的基本前提。"经济学研究的是社会如何利用稀缺的资源以生产有价值的商品，并将它们分配给不同的个人。"但西方主流经济学中所言的资源不是指能够满足人类需要的所有物品，他把满足人类需要的物品分为数量无限的"自由取用物品"和数量有限的"经济物品"，自由取用物品不是资源，只有经济物品才是资源，相对于人类的无限需求来说，经济物品总是不足，才有研究的意义。萨伊曾经说过："人类所消费的某些东西，例如在某些情况下的空气、水、日光等，是自然所赐予的无代价礼物，不需要人的努力去创造它们……因为它们不是可以生产得出的，不是可由于消耗而毁灭的，所以它们不属于政治经济学的范畴。"尽管当代主流经济学已经注意到了自然环境是人类物质生产不可或缺的因素，但在界定自己的研究范围时却把整个环境资源一分为二，仅将那些人类在使用时交易付费的自然资源作为研究对象。即使是对于需要交易付费的自然资源，在主流经济学那里，也是处于自由付费取用的状态。正是在这种思想支配下，长期以来自然环境被认为不过是坚不可摧的基础材料的供应者，可以替代，永不枯竭，不必补偿。在萨伊之后，主流经济学继续强调环境非资源性的观点，使得经济活动对自然环境的补偿不足、甚至透支的现象日趋

严重，这些现象反过来又进一步破坏了经济社会的可持续发展。

西方主流经济学忽视环境的价值，认为对其消耗和使用不需要付费。价值是经济学研究的基础。从古典经济学的劳动价值论开始，环境就因为不是劳动产品而被认为没有价值。效用价值论成为西方主流经济学的基本认识以后，环境的价值就进一步被忽视了。效用价值论认为，一物品要有价值，首先它要有效用，即满足人需要的能力，其次是该物品必须具有稀缺性，前者决定价值的内容，后者决定价值的大小。物品的价值量最终需要通过交易，在市场上以价格体现出来。市场价格能否充分反映环境资源的稀缺性，引导环境资源进行有效配置。前面已经讨论过，西方传统主流经济学认为环境不属于资源范畴，不具有稀缺性，对其消耗和占用是自由的，不进入市场体系，也就无所谓价值。即使出现一些因为环境而付费的情况，也被认为是产权的交易，表达的是权力的价值。在萨伊著名的价值三位一体的观点里，地租也不是对土地自然力的补偿，而是被付给了土地所有者。因此，在西方传统主流经济学看来，生态环境和公共性自然资源都没有价值和价格，不能进入经济核算体系，无法通过价格机制进行配置。由此导致人们利用这些资源来替代经济资源，结果造成了生态环境的破坏和自然资源的浪费。在社会经济发展过程中如果长期忽视环境价值，不进行"补偿自然"和"回报自然"，经济运行一旦超过环境系统的阈值后必定会戛然而止的。

西方主流经济学忽视环境的稀缺性，以环境的无限供给为研究假设。环境恢复主要受自然规律的支配，其周期比其他经济资源的再生产周期要长得多，而且环境资源被破坏到一定程度还会产生不可逆转的后果，从而使再生产过程有可能被人为打断。但长期以来，主流经济学只研究物质资料再生产的规律及其平衡原则，根本没有涉及环境资源再生产规律及其平衡原则，这是导致不可持续发展的重要原因。从微观经济学的厂商理论来看，其降低成本、提高效率的原则，必然会鼓励厂商尽可能多地利用"可以自由取用"的自然资源，而其消费者行为理论则在追求效用最大化的假定下倡导"消费有益"且"多多益善"；微观经济学对环境资源再生产规律的漠视在宏观经济学中得到进一步强化，"经济学家认为环境资源基础是个无限大的、可以随意调整的资本库，并据此向政治决策人提出宏观经济政策，不断鼓励老百姓提高消费水平，似乎物质产品的增长可以是无限的。关于长期生产和消费的宏观经济模型很少提及环境资源，可见其隐含的假定为自然资源是不稀缺的，而且在将来也不会稀缺。"也就是说，微观个体凭着最大化的本能追求生产和消费，政府则从外部以各种手段推动生产和消费，整个国民经济必然会成为一架高速、高效运转着的环境资源的加工机器，这样对自然的掠夺就达到了无以复加的地步了。这种认识在经济系统相对于生态系统较小时尚能满足，可以认为经济系统对自然生态系统的物质能量吸收和废弃物排放不受限制。然而，随着人类经济系统快速膨胀，环境与资源从供给不稀缺发展到开发能力稀缺，又发展到潜在供给稀缺，经济系统对自然生态系统的物质能量吸收和废弃物排放就不再是无限制的了。

三、忽视经济系统与环境系统之间的交互关系，把二者割裂开来进行研究

人类本身是自然界的产物，人类的经济活动实质上就是不断从自身生存的自然环境系统中直接或间接地获取生存资料的过程，它以自然环境为源头，以自然环境为承载体，以自然环境为最终结果，是一个十分复杂多样的综合系统，应纳入人类实践的宏大背景中加以考察。但西方传统主流经济学却漠视经济系统与环境系统之间这种不可割断的交互关系，借助一系列完全主观、教条与真实不符的假设，比如前面提到的理性经济人、环境无价值论、环境非资源论、环境无限论，还有信息充分、偏好持续等等，把经济学从环境系统中硬生生地分化出来，形成了西方传统主流经济学的相对封闭经济系统。

基于这一认识，西方主流经济学将经济增长看做是物质财富的线性增加过程，是"资源—产品—废弃物"的物质单向流动，通过把资源不断地变成与经济无关的垃圾来实现经济的数量型增长，实现追求经济效益最大化的目标。如果说微观经济学还能让人从边际成本与收益的角度透视一点资源环境问题，那么在宏观经济学中则

不再有在边际上进行比较的成本与收益两个账户，而是把两者一股脑地记入了 GNP 中。因为在主流经济学看来，微观经济学处理的是局部问题，局部的扩展当然受制于机会成本，这个机会成本是由局部增长强加给其余部分的；而宏观经济学处理的是整体问题，整体的增长不仅不会受到机会成本的制约，而且还会扩大局部共享的整体。事实上，"在经济增长中必然会有成本发生，即便它通常不被人们所计量。消耗，污染，对生态的生命支持功能的破坏，闲暇时间的牺牲，某些劳动的非效率，为资本流动而对社区的损害，某些物种栖息地的丧失，留给后代的遗产精华的大量损失——这些都是成本。我们不仅没有将这些记入成本，反而经常将之记入效益，一如我们将治理环境污染的成本算作 GNP 的一部分，一如我们没有扣除可再生自然资本的折旧（生产能力）和没有进行不可再生资本的结算（存量）。"

传统宏观经济学假定经济系统与周围的环境没有物质和能量交换，研究的仅仅是被抽象出来的交换价值，未涉及自然资源耗费、环境污染等问题。然而，自然生态系统与经济系统的变迁是非线性相关的，存在着许多非线性的耦合关系。在孤立、封闭的经济系统中，看不到经济增长过程是经济要素同自然资源、环境要素有机整合的过程，也看不到资源与生态环境要素对经济增长产生的基础性制约关系。正是这种把经济系统与环境系统之间割裂的做法，导致了居于经济学研究话语霸权地位的主流经济学至今仍缺乏对自然资源与生态环境的应有关注和研究，未将其作为经济要素或经济系统中的内生变量对待，导致经济学理论与经济发展现实相脱节。它们无法解释：物质财富剧增，为何始终会与资源被耗竭性利用及生态环境加剧恶化相伴而生。

四、忽视人类对环境的多种需要，单纯从物质利益角度分析

在西方传统主流经济学的研究框架里，自然环境意味着永不枯竭的原材料和能源仓库，人类需要做的就是从自然环境攫取物质财富。自然环境所具有的生态价值、美学价值、休闲价值、科研价值、人类健康生存价值等等，西方传统主流经济学往往视而不见，只看到提供物质生产资料的一面。比如对于森林，在西方传统主流经济学家的眼里，就是一堆燃料、一堆纸浆、一堆家具等等，而无视其涵养水源、净化空气、调节气候、孕育生物、提供给人类健康、娱乐、欣赏等价值。经济人假设认为人都是趋利的自利的纯"经济动物"，仅以物质利益为行为指挥棒，由此演化出普遍存在的唯 GDP 论，把环境的呻吟放在一边不予理会。

传统主流经济学假设经济人具有稳定的、前后一致的持续物质利益偏好，也就是说，对环境的物质所求欲望是持久的，对环境可提供的物质利益供给结构需求也是持久的，不会改变的。行为经济学家和心理研究者已经证实，人的需求偏好并非持续的，也并不必然具有始终指向物质利益最大化的理性。人是社会的人，人在做出选择时不但要涉及自我利益，还会考虑复杂的社会角色、文化背景、意识形态、社会道德、感情、非物质利益等等。人除了物质利益需求之外，还有安全、自尊、感情、精神文化、自我实现等社会性的需求。人的行为不是在封闭的自我环境中发生的，而是直接依赖于他生活的社会文化环境。纯粹的自利无法解释自愿捐献进行环境治理、干旱时的自愿节水、储蓄能源以解决能源危机、克制欲望进行绿色消费等等社会现象，无法解释人类生活中许许多多的"非物质动机"和"非经济动机"。因为人类经济行为的动机不仅仅只是"自利"，也有情感、观念导引和"社会目标"引致的成分，有利他或对他人福利关心的行为。

物质利益最大化意味着成本最小化，从表面上看似乎意味着对自然资源的最少利用。然而，由于传统主流经济学只把用货币购买的经济物品作为生产要素，为了降低成本，如果自然资源可以替代生产函数中任何一种必须付费的生产要素的话，厂商一定会尽可能多地去选用它。显然，所谓成本最小，不但不意味着对自然资源的节省，反而恰恰意味着对"可以自由取用"的自然资源的最大量使用。如果没有外界条件的制约，厂商绝不会为节省"可以自由取用"的自然资源去增加其他资源的投入。宏观经济学的鼻祖凯恩斯的扩张理论更是加剧了这种现象，他主张由政府出面运用扩张的财政政策和货币政策无限刺激需求，主张高消费和提前消费，以扩大投资和就业，扩张生产。人类对物质资料的需求是为了满足自己的生存需要，即供个体生存和种族延续的需要。在一定历史时期，这种需要有一个量的界限。但是在以主流经济学为基础的政策指导下，生产和消费居于无限扩张的趋势，以环境资源为主的各种资源处于被充分动员的状态，市场容量和环境容量不断被打破。长期以来，传统主流经济学这种对环境的单纯物质利益需求持续偏好理论在相当大的程度上误导了人类的经济活动，对环境恶化起到了推波助澜的作用。

西方传统主流经济学的中心内核是市场机制，正是以上认识和理论，使得西方传统主流经济学在环境问题上出现了偏差，呈现出了典型的市场失灵现象。尽管市场机制在环境问题上出现了失灵，西方传统主流经济学对环境问题负有不可推卸的责任，但并不意味着市场机制和主流经济学一无是处。我们强调的是既要看到其优点又要看到其不足，并努力地弥补其不足，把自然环境问题作为一个重要因素纳入到经济学的体系中。

五、传统经济学的狭隘理解和教学影响进一步恶化了环境问题

西方经济学在重商主义时期开始萌芽，随资本主义生产关系的发展而初步成形，在工业化进程中得到了快速成长，是重要的人类早期学科体系之一，是西方市场经济社会体系乃至当代全世界经济社会的基本指导原则。它的影响远远超越了经济学科内部，深入到了社会学、政治学、管理学，以及自然科学学科和文化艺术学科，影响到了基本世界观、人生观、价值观、社会文化习俗、基本思想意识等社会的基础层面。当然，西方传统主流经济学的环境意识缺陷也随之广泛地传播，产生着深远的社会影响。与此同时，还有一些所谓的经济学家和社会影响者，把狭隘的民族情结、政治倾向和私利主义强加到相关环境研究领域中，错误解读和篡改当代经济学的一些环境理论贡献。这些都对正确环境意识的树立和生态环境的恢复起着阻碍效果。

对传统主流经济学相关环境原理的狭隘理解为解决环境问题设置了障碍。西方传统主流经济学在环境问题上的缺陷是可怕的，但

更为可怕的是一些占据重要地位，具有绝对话语权的主流经济学家在环境问题上对经济学原理的曲解和滥用。如某些经济学家是这样来运用经济学理论进行推理的：第一，根据成本最小化和利润最大化理论，污染所带来的健康成本取决于由于更高的发病率和死亡率而不得不放弃的利益。由于污染会带来健康损害，使社会和个人的福利降低。这种损害在收入最低、福利水平不高的国家里面成本最低，相反如果是在一个发达国家的话，发病率和死亡率而导致的不利损失就会非常大。从全人类来看，落后国家放弃一点是值得的，整体利润是增加的，全人类的总体福利是增加的。所以应把产品可贸易的污染工业转移到落后国家去。第二，根据成本理论研究，污染成本的曲线是非线性的，在污染水平很低的时候，增加污染的成本曲线是平滑的，但在污染水平较高时，增加污染的成本曲线会变得陡峭。非洲等人口稀少环境清洁的地区没有被污染，这对全人类来说是一种浪费。所以，在产品可贸易的污染工业转向落后地区的同时，还可以将产品不可贸易的产业的空气污染和废弃物"贸易"（转运）到低收入国家，这对于全人类的福利来说也是增进的。第三，根据弹性分析，因为审美和健康的原因而产生的对清洁环境的需求有非常高的收入弹性。当收入水平很低的时候，对于清洁环境的需求不高，收入水平越低，可能越能忍受更多的污染，收入水平越高，越不能忍受。劳伦斯·萨默斯说，一种诱因有百万分之一的可能会导致前列腺癌，那么在一个人能够活到得前列腺癌的年纪的国家，人们对这一诱因的关注肯定要高于一个五岁以下幼儿死亡率为百分之二十的国家。也就是说被污染的落后国家的人大部分还没有活到得前列腺癌的时候就已经死了，所以导致前列腺癌的污染的效果就不会反映出来。这种行为是有助于提高福利的。

这种论断是可怕的，但这个推理从西方主流经济学的逻辑来说没有瑕疵。这也正是西方主流经济学在环境问题上的可怕。巴西前环境部长卢森博格针对这个言论写了一封公开信指出，这种推理在逻辑上是完美的，但是从根本上来说是疯狂的，这些想法是那些传统的经济学家们在思考我们的生活的世界时所表现出的不可自欲的精神错乱，是对社会的冷漠和自大无知。这些人的认识是一大批人的观点，至少在实践上表现为这样。比如美国以中产阶级为主发动起来的环保运动，高喊不要在我家后院污染的口号，把高污染制造业赶出他们所居住的社区。中国的大城市为了治理环境，兴师动众进行污染企业外迁。不是真正解决问题，而是置他人于不顾，自己"眼不见心不烦"。农民惊呼：在城里污染，搬到村里就不污染了吗？经济学上的福利最大化是全人类的福利最大，是在不减少任一成员的基础上福利的增加，追求的是"无法在不减少其他人福利的情况下增加任何人的福利"，劳伦斯·萨默斯一类人的观点是不符合基本经济学原理的，他的福利增加是建立在另一部分人福利受损的基础上的，即发达国家和地区增加福利，低收入国家和地区减少或至少是相对减少福利。他把经济学上针对生产和利益的比较成本原理，也就是两害相权取其轻，两利相权取其重，用在了对人的价值判断上，忽视了人人平等的文明社会基本常识，把经济学的基本人类基础丢掉了。另外，经济学应当至少是针对"地球村"的，而不是只针对一个国家，日本和美国对中国的沙尘暴、二氧化硫、二氧化碳很敏感，但这又是怎么造成的呢？是谁从中国运走大量的木材、纸张？是谁把高污染的企业大量放置到中国？对亚马逊森林的砍伐威胁的不仅仅是巴西！地球是渺小的，环境是全人类的，如果让这一类人的观点随着地球上最后一块净土的丧失而毁灭，那就太晚了，我们必须及早觉醒，不要被主流经济学的缺陷误导，更不要被别有用心的滥读主流经济学的人迷惑，一起行动起来，维护我们共同的家园。

其实，在经济学内部，早在 20 世纪初经济学家就意识到了环境领域的市场失灵，并提出了环境问题的外部性理论，1920 年，庇古提出了以税收方式将环境外部成本内部化，筹集资金以开展环境治理，此后，制度经济学、环境经济学、生态经济学等相应开展了经济角度的环境分析。但这些研究并没有真正将环境和经济融为一体，没有改变主流经济学的基本假设和主要理论，只不过是作为陪衬或在传统主流经济学忽视环境的理论体系之上加上一个提醒语句罢了。所以，当前在传授成熟学科和公认理论为主的教育领域，占据主流地位的经济学仍然显示出了明显的环境缺陷。即便是在当今西方的基础经济学教科书上也不例外。中国国内的基础经济学教材也大都呈现出了这种特点。我国高校专业设置比较细，课程专业性比较强，环境教育的局限性非常明显。"高等学校没有给环境教育以充分的重视，高等学校环境教育的内容既缺乏统一性、稳定性和系统性，又缺少灵活性、针对性和地域特色。"经济、管理学教学多数以传统西方主流经济学的经典教材为核心，特别强调前面论及的理性经济人假设，利润最大化，突出包含忽视环境问题在内的一系列假设基础上的数量模型设计与推导。缺乏环境意识的消费者理论、厂商理论、市场理论、国民经济核算理论、宏观经济调控理论对学生的意识带来了极大影响，所培养出来的高级经济管理人才，被深深打上了单纯追求物质利益最大化的烙印，张口必称利润。即便是在日常生活中可以大谈环境意识，但一到经济管理工作岗位上，就开始了忽视环境，破坏环境，大都成为了从环境中单纯攫取财富的领头人。这样的经济管理型人才，缔造了我国的经济增长神话，同时也对环境造成了毁灭性破坏。而这样的环境缺失性经济学教育还在继续着，甚至因为竞争的加剧，还有进一步恶化的趋势。

第三节　从熵的角度来认识环境系统与经济系统

人类的生产活动，必须从自然界取得资源和能源，制成各种产品供消费，同时把流程废物中无法再利用的部分排入环境。任何产品在完成其使用寿命之后，最终必定成为废物排入环境。总之，人类的经济活动总是把自然资源不断地转化为废物；把有用能源转化为无用能量。资源、能源与废物和无用能量的本质区别在于熵值不同，废物和低温热能的有序性低（混乱度高），则熵值高。

一、熵理论及熵世界观

熵是热力学的一个概念，熵定律即热力学第二定律。热力学第一定律是能量守恒定律，它告诉我们能量虽然既不能被创造也不能被消灭，但它可以从一种形式转化成另一种形式。热力学第二定律告诉我们，在封闭系统中，每当一种能量从一种状态转化到另一种状态时，我们就损失了将来用于做某种功的一定能量。这就是所谓的熵。熵是不能再被转化做功的能量的总和的测定单位。这个名称是由德国物理学家克劳修斯于 1868 年第一次提出来的。热力学的两个定律可以用一句简单的句子来表达：宇宙的能量总和是一个常数，总的熵是不断增加的。

熵的增加就意味着有效能量减少。每当自然界发生任何事情，一定的能量就被转化成了不能再做功的无效能量。被转化成了无效状态的能量构成了我们所说的污染。许多人认为污染是生产的副产品，但实际上它只是世界上转化成无效能量的全部有效能量的总和。耗散了的能量就是污染。因此，在生产过程中，即使用十分高超的技术将副产品全部收回，那么熵污染也是不可避免的，除非生产中不使用能量。

能量平均状态是熵值达到最大的状态，那时将不再有任何自由能量来进一步做功了。克劳修斯在总结热力学第二定律时说："世界的熵（即无效能量的总和）总是趋向最大的能量的。"

虽然在一段孤立的时间内的一个特定的场合，我们可以逆转熵的过程；但我们必须消耗更多的能量，并使整个环境的熵的总值进一步增加。对于工业回收，许多人都相信，只要发展适当的技术，我们所用过的一切东西都可以被完全地回收并再次使用。然而要做到 100% 的回收是不可能的。目前绝大多数金属的平均回收率为 30% 。而且回收过程中废旧材料的收集、运输和处理都要消耗额外的能量，导致同一环境里熵的增加。

基于熵理论，存在两种世界观，即宇宙热寂说和乐观主义发展观。宇宙热寂说的根据就是热力学第二定律。世界的熵（即无效能量的总和）总是趋向最大的能量的，宇宙最终会热死。乐观主义发展观的理论依据是耗散结构理论。

耗散结构理论又称非平衡自组织理论。它是普利高津在 20 世纪 60 年代提出的，其理论要点是：对于一个开放系统，当其处在远离平衡态的非线性区域时，系统中某个参量变化达到一定阈值时，或控制边界条件或其他参量，通过涨落，系统便可从失稳过渡到与原来定态结构完全不同的新的稳定态，且不因外界微小扰动而消失；这种建立在不稳定基础上的新的有序稳定结构即耗散结构，它是依靠与外界交换物质、能量、信息、价值等来维持和发展的，或从环境引入负熵流来实现。不仅一个活的人体、动物体、植物体是耗散结构，就连一个社会系统，如一个城市、一个工厂也都是一种远离平衡态的耗散结构。耗散结构与经典热力学所研究的"平衡结构"是完全不同的，它的存在表明"非平衡是有序之源"。系统自发地由无序走向有序的过程为自组织过程，所以，耗散结构理论，又称非平衡系统的自组织理论。

二、经济社会系统的熵增与耗散结构

经济社会系统不可逆熵增。熵定律告诉我们，现实中不可逆过程的总体行为是能量从有效状态单向转化到无效状态，而被转化成无效状态的能量构成了"污染"。从这个意义上看，社会物质产量的增加，在某种程度上是以资源和环境为代价换取来的，而资源与环境承载力却是有限的。在高熵社会里，不可避免地面临着日益恶化的资源与环境问题，以高能流创造物质财富的方式来满足人们的欲望必然导致熵增无序，是不可持续的，须另辟蹊径。

经济社会系统耗散结构。经济社会系统的基本特征有以下几点：

（1）开放系统。它不断地与外界环境进行物质、能量和信息交换，可能输入熵流 des（可正、可负、可零）于是系统的总熵为：

$$ds = dis + des$$

当系统从外部环境输入的负熵流 des 的绝对值大于系统内部的熵产生 dis 时，总熵 $ds < 0$。出现熵减机制，系统有了生机。

（2）远离平衡态。经济社会系统作为客体存在，其状态集合与环境集合都是非空的，状态参量随时间和空间的变化而变化，发展不平衡，是一个动态系统，存在着势差，引起竞争并形成动态的流和力，在外界环境的驱动下，有规则的波动和随机扰动相叠加出现新的涨落，驱使系统远离平衡态。

（3）非线性耦合机制。经济社会系统中各因素相互依存相互作用，构成复杂超循环，由于涨落的随机性及系统的多层次、多目标和人为振荡，使得系统与环境以及系统内各子系统间呈现非线性关系，并通过超循环作用耦合成新质的整体，这个整体性若用 Q_i 表示元素 p_i（$i = 1，2，3，\cdots$）的某些量，则可用下述微分方程组来描述：

$$\begin{cases} \dfrac{\mathrm{d}Q_1}{\mathrm{d}t} = f_1(Q_1, Q_2, \cdots, Q_n) \\ \dfrac{\mathrm{d}Q_2}{\mathrm{d}t} = f_2(Q_1, Q_2, \cdots, Q_n) \\ \qquad \cdots\cdots \\ \dfrac{\mathrm{d}Q_n}{\mathrm{d}t} = f_n(Q_1, Q_2, \cdots, Q_n) \end{cases}$$

（4）非平衡相变。经济社会系统的性态置于环境的影响中，国内外大环境的变化，市场机制及政治、经济、管理体制的转变，甚至观念形态的转变都可能导致系统发生变化，当系统远离平衡态。控制参量达到某一特定的阈值时，微小的涨落都会使系统发生突变，离开热力学分支，进入新的更有序的耗散结构分支。

熵定律是客观存在的，能量总是不可挽回地从有效形式转化到无效形式，经济增长是有极限的，我们应本着对后代负责的态度，自觉扬弃传统工业文明的"三高"模式，站在当代大系统观的高度，把经济、社会、资源和环境作为有机整体来考虑，大力发展教育，发展绿色科技、绿色农业、绿色工业和绿色市场，促使资源可持续利用，生态环境良性循环，坚持走"天人调谐"可持续发展道路。

三、熵与可持续发展

可持续发展的实质是：既满足当代人的需求，又不致加速人类社会生命过程的发展。依此，从下述三个方面对可持续发展进行界定不失为一种有意义的探索。第一，可持续发展是指既满足当代人的需要，又不对后代人满足其需要的能力构成威胁和危害的发展策略；第二，可持续发展要求处理好人口、资源、环境与发展之间的关系，是经济效益、社会效益和生态效益的协调发展；第三，可持续发展的中心问题是人，要求人们采取措施，处理好自然与社会的发展关系。上述三点可进一步概括为：可持续发展要求围绕人这个中心，恰当地处理好社会发展与自然发展的关系以及当代人发展与后代人发展之间的关系。显然，上述定义有两个根本点：一是发展，二是持续。探索可持续发展的可行性问题也应从这两个根本点入手。

可持续发展并不否定发展是曲折的或发展是有代价的。但可持续发展追求的是以较小的代价获得较快、较稳定的发展。

以牛顿三定律为基础的机械论世界观已盛行了400多年。经济学鼻祖亚当·斯密是机械论世界观的积极推行者和普及者，是他首先运用机械论世界观来研究经济领域里的普遍规律。从此，传统经济学就与机械论世界观结下了不解之缘。世界观是人们对世界的总的看法，是时代的产物。人类环境的能源条件决定了世界观的总体框架。现在世界已进入了人口膨胀，不可再生资源眼看就要枯竭，人类环境的能源条件就要改变，机械论世界观的局限性越来越明显的时代，也就是新的世界观——熵定律世界观即将诞生的时代，同时也是人类即将走上可持续发展的时代。

物质世界的变化是有规律的，简要回顾物质世界的变化：人口激增而生存空间迅速变小；财富激增而资源迅速减少；经济发展了而环境恶化了。如何解释物质世界的变化呢？人类的繁衍增长过程本身就是转化、消耗地球资源的过程；人类的财富积累过程也是转化、消耗地球资源的过程；污染就是社会能量流动中那部分积累起来的已被耗费掉的能量。人类应该主动实施指导思想上的重大转变——从追求经济增长，转变为追求可持续发展，从机械论世界观转变为熵定律世界观。

熵定律告诉我们宇宙万物，孤立系统只能朝着总熵增加的方向变化，人类无法改变熵过程的方向，但能改变熵过程的速度。熵的增加就是时间流逝的体现。已经逝去了的真正时间的数值是已被耗散了的能量的直接反映。因此，世界万物，包括太阳、地球都有一个寿命，熵达到极大值时就处于平衡状态，不再有变化发生，时间也就失去了意义，那正是事物的寿终正寝之时。所以，现在有人称无机界为次有机系统，有机界为有机系统，人类社会为超有机系统。

强调的是世界万物都像有机体似的有一个生命过程。生命体（包括人类以及人类社会）从周围环境中吸收有效能量以维持自身的低熵状态或促使自身的熵进一步降低，同时排除高熵废物。继后由于从周围环境中吸取有效能量的难度不断增加以及自身吸收能力的下降，无法维持自身的低熵状态而熵值不断增加，最后寿终正寝。这就是有机体典型的生命过程。毋庸讳言，人类社会也必然遵循这一生命过程。

地球上不可再生的能源是有限的，可再生的能源也是有限的，而且一旦消耗殆尽，它们也会变成不可再生的能源。人类赖以生存的地球这个封闭系统的资源是有限的，这一点已为具有初步常识的人们所接受。人类可持续发展的核心问题是在人类自身规模、生活方式以及地球资源利用（包括环境保护）方面作出重大调整。如果人类一如既往、一意孤行或调整不当，那么人类灭绝也不是一句唬人的空话。

按照普利高津对热力学第二定律的诠释，指出了熵时间的概念。生态熵时间的第一个特点是有限性。人类从以木材为主要能源的狩猎采集社会，过渡到以煤炭为主要能源的农业社会，花了几百万年，从农业社会过渡到以石油及核燃料为主要能源的工业化社会，却只有几千年，而工业社会仅几百年就几乎将非再生资源消耗殆尽。能源是一项并不是由人类生产出来的资本，而是有限的30亿年的太阳能储备，可见能源的开发过程就是加速这种储备的枯竭，加速熵时间流逝的过程。随着可用能的消耗，能发生的事件将日益减少，剩下的熵时间也越来越少，直至任何事情也不再发生。如果没有任何变化发生，我们体验的时间也就不复存在，熵时间的有限性由此而体现出来。

熵时间的第二个特点是非均匀性。熵时间的单向性是注定的，不可改变的。我们无法倒转时间，但我们生活方式的选择，却影响它流逝的缓急。从社会学意义上划分的狩猎采集社会、农业社会、工业社会和后工业社会，若从熵时间的角度来看，则是一个个不同的"时区"。由于这些社会形态的能源环境分别对应木材、煤炭、石油、核燃料，显而易见，不同的时区实际上是对30亿年太阳能储藏不同层次的开发，这种对能源逐步深入的开发，使能源的质量由低而高，熵的流通也由小到大，故而与之相应的熵时间的流逝也由缓而急，因此不同的时区，熵时间流逝的速度是不同的，这就是熵时间不均匀性的本质。

有了上述熵时间的基本概念，使我们有可能从一个新的角度来了解这个世界。由于各种原因，在熵时间上存在着超前、滞后现象。我国是没有能力走传统西方模式现代化道路的，没有条件采用高消耗非再生能源和高消费生活数据的生产、消费方式来推动经济发展的。事实告诉我们，只能抛弃以增长为主的现代化战略，选择与能量低速、持续流通相应的生活方式，走一种协调发展的现代化之路，因为现代化远非几个经济指标，它包括社会结构、社会成员的现代化，是政治机构、教育体系、卫生体系、分配体制的变革。

非再生能源时代的迟早结束，注定要导致工业时代的结束，而以此为基础的全部经济结构将分崩瓦解，不认识到这一点，即使建立起大规模的工业基础结构，到时就会发现已无足够的能源来推动熵时钟这巨大指标的移动了。

四、来自熵世界观的启迪

从热力学定律、耗散结构理论和熵时间可以得出如下结论：以地球最佳"适度承载能力"与"环境熵最小净增长"为约束条件，可以实现人类社会"全部软、硬件产品从投入、产出、消费、废弃物处理、再利用等全过程的'最短路和最大流'"。以期最终达到物质资源物尽其用，人与环境友好相处的良好可持续发展状态。

能量的实际利用过程具有双重特性：一是守恒性，二是贬值性。任何形式的能量应用过程，都是对量与质利用过程的权衡与优化。要想使能量得到最合理利用，就必须做到"按质用能"，使过程中有用能的损失降到最低。现行的经济生产中环境是无偿使用的，不计成本的。这势必会造成巨大的环境浪费，增大熵污染。在目前的人类生产力状态下，环境已经是一种稀缺资源，应当计入生产成本，即环境要素应当成为生产要素的一种。环境要素计入生产成本后，生产厂商就会想办法减少环境资源的消费，降低熵污染。

第四节　环境生产要素化是经济系统与环境系统融合的基本渠道

可持续发展理念要求必须把环境和发展结合起来，不能脱离人类基本生存依靠的环境单纯讨论什么经济问题。人类经济活动的基本出发点是改善自己的整体福利（包含物质、精神、环境等的综合福利），不能物质福利增长了，而赖以生存的环境却毁灭了，最终生存在垃圾堆和环境公害中，疾病缠身、寿命缩短、所得物质利益不足以支付环境灾难的费用。美国著名的可持续发展的专家赫尔曼·E·戴利（Herman. E. Daly）指出："可持续发展的整个理念就是经济子系统的增长规模绝对不能超出生态系统可以永久持续或支撑的容纳范围。"他认为，传统发展观的根本错误在于把经济看作是不依赖外部环境的孤立系统，而实际上经济只是外部的有限生态系统的子系统。

我们认为，经济系统与环境系统的融合是一个系统工程，需要多学科、多部门、多环节地协调行动，但经济学对环境的开放是一个根本问题。西方传统主流经济学认为环境形成孤立系统的重要根源在于视环境为"自由取用物"的环境无价和环境无限认识，把环境排除在经济系统运行之外。西方传统主流经济学认为只有土地、矿产以及其他相应能源、资源才介入生产，其他环境因素是不必考虑的。这种对环境狭隘的单纯"物"的认识是片面的。在人类的生产活动中，环境不但源源不断地向人类贡献着"物"的资料，而且还不断地调整改变着自身的性质、结构、组分、数量等方面，分散、迁移、分解、转化、吸收着经济活动的各种排放，也就是说，经济活动不断占用着一定环境容量，消耗一定的环境自净能力。这是当前环境问题的主题表现，世界"八大环境公害"和绝大多数环境危机都是排放超过环境容量导致的。

环境容量对经济活动的参与早在人类从事生产活动之初就开始了，从来没有停止过，而且愈演愈烈。离开了环境容量，经济活动不可能开展。在生产落后的农耕社会，人类对环境容量的耗用在其自身恢复再生的能力范围内，环境影响不明显，对环境的这种重要性认识也不明显。在当今工业化高度发达的社会，众多厂商活动对环境容量展开了激烈的争夺性使用，经济活动与居民生活之间关于环境容量也产生了尖锐的矛盾，政府开展的环境税、排污费等收费项目不能有效缓解这种现状。

目前，环境的稀缺资源属性已经比较明确，已经得到了众多学者的认可，这一点我们将在下一章详细阐述。但现实中谈到环境资源，人们一般会直接想到自然资源，它在传统意义上是西方传统主流经济学认定的可以交易的来自自然环境的"经济物品"。我国《辞海》对自然资源的界定为：天然存在的自然物，如土地资源、矿产资源、水利资源、生物资源、气候资源等，是生产的原料来源和布局场所。我国著名经济学家于光远对自然资源的定义为：自然资源是指自然界天然存在、未经人类加工的资源，如土地、水、生物、能量和矿物等。这些传统认识非常接近"经济物品"的意思，属于强调环境的"物"的属性的认识，对环境非物的能力和贡献重视不够。

联合国环境规划署（UNEP）认为："所谓自然资源，是指在一定时间、地点的条件下能够产生经济价值的、以提高人类当前和将来福利的自然环境因素和条件的总称。"《英国大百科全书》中把资源说成是人类可以利用的自然生成物以及生成这些成分的环境功能。前者包括土地、水、大气、岩石、矿物及森林、草地、矿产和海洋等，后者则指太阳能、生态系统的环境机能、地球物理化学的循环机能等。联合国环境规划署和《英国大百科全书》的观点对"经济物品"的含义有一定突破，包括了环境条件和环境功能，但中心和标准仍然锁定"产生经济价值"和"人类可以利用"，尤其是《英国大百科全书》，其可以作为资源的环境功能以"自然生成物以及生成这些成分"为条件，应当说对环境非物的能力和贡献的认识还是不够全面的。

在这种环境危机和环境认识偏颇的背景下，包含物的范畴的和非物的功能条件范畴的环境的整体资源属性必须得到强调，包含这两个范畴的稀缺环境的有价使用性必须得到恪行。环境不能自由取用了，那么，环境应当如何"取用"呢？从经济学上来讲，这就是环境作为经济资源的科学配置问题，也是环境系统融入经济系统的对接舱口。但经济系统与环境系统融合的基本渠道具体是怎么样的？环境中物的部分可以以资源、能源、原材料的身份进入经济系统，但它怎么从经济系统中走出来呢？环境中非物的能力部分怎么进入经济系统？又怎么重返自然环境呢？环境自身是不能做到这些的，那政府的作用呢？市场机制的作用呢？我们认为应当把市场和政府结合起来形成合力，构建政府与市场相结合的环境管理体制，拉近经济和环境的距离，在为可持续发展提供经济学理论依据的同时，也提供基本实践途径和方法。

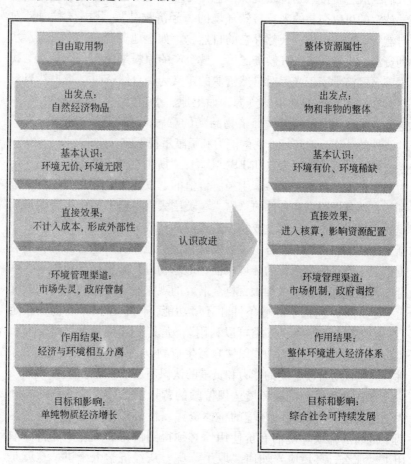

图 2-1　传统和当代环境认识对比示意图

第三章

生产要素——经济活动与环境的第一个结合点

自然环境是人类直接赖以生存的资源，同时也是人类进行生产活动，改善生存条件的最基本资源。环境为生产活动直接或间接地提供原材料、能源和其他必须的资源，没有自然环境，生产活动就不可能进行。从这一点来说，经济系统与环境系统是密切联系的，经济系统原本就不可能封闭性独立存在。环境对生产的这种最直接的参与，形成了财富的最基本来源，也就是常说的土地（包括其蕴含的资源、能源）生产要素。

第一节 生产要素理论的发展

一、传统生产要素理论的发展及其环境地位的弱化

人类对生产要素的认识是在探究财富来源的过程中形成的。1662 年，"政治经济学之父"威廉·配第（William Petty）在《赋税论》中提出"土地为财富之母，劳动为财富之父和能动的要素"，揭开了生产要素理论的序幕。1776 年，古典经济学奠基人亚当·斯密出版巨著《国民财富的性质和原因研究》，在肯定财富源于土地的同时，强调劳动和资本对"进步社会"财富的形成更为重要，认为"无论在什么社会，商品价格归根到底都分解成为那三个部分或其中之一"，形成了著名的生产三要素论。1803 年，萨伊在《政治经济学概论》中第一次系统地论述了生产要素的构成，他指出："所生产出来的价值，都是归因于劳动、资本和自然力这三者的作用与协力，其中以能耕种的土地为最重要因素但不是唯一因素；除这些外，没有其他因素能生产价值或能扩大人类的财富。"在 19 世纪中叶，约翰·穆勒和威廉·罗雪尔对生产三要素存在的方式、性质、条件和重要性进行了详尽、客观的分析。1890 年，阿尔弗里德·马歇尔在《经济学原理》中专门论述了生产要素，指出"生产要素通常分为土地、劳动和资本三大类"。"资本大部分是由知识和组织构成的，""把组织分开来算作是一个独立的生产要素，似乎更为妥当。"从而提出了生产四要素论。"组织"要素也被称为"企业家才能"要素或管理要素。也有人把马歇尔提出的知识单列出来，或称之为技术，

作为另一个生产要素，以强调知识和技术的重要性。中共十六大报告明确指出了"确立劳动、资本、技术和管理等生产要素按贡献参与分配的原则"，从分配角度说明了生产要素的多样性和对财富形成的贡献。

生产要素理论的发展是人自身要素的膨胀和环境要素萎缩的过程，如图3-1所示。在人类最初获取生存资料的过程中，土地扮演着极为重要的角色。进入农业社会以后，劳动在财富创造活动中的作用日渐突出，形成了二要素论。工业革命开始以后，资本的重要性在工业生产中凸显，"资本万能论"和"劳动价值论"产生了很大影响，亚当·斯密把劳动和资本作为进步社会财富的基础和基本来源，土地要素及其所代表的"自然取用物"的重要性开始在经济活动中被忽视。进入现代工业社会以后，人类不再满足人的劳动和依附于人的资本在生产要素中仅占"两股"的状况，进一步分化出企业家的组织管理才能，并认为"这四大要素中，企业家才能特别重要，因为正是凭着企业家的才能，劳动、土地、资本才得以有效地组织在一起，并为人类提供各种各样的产品"。土地要素的受重视程度进一步下降，由原来的第三位降到了第四位。企业家凭借高超

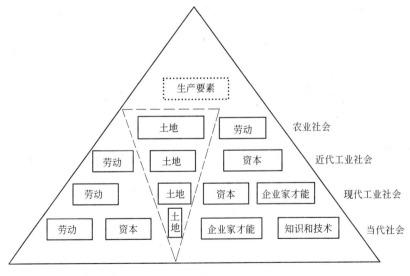

图 3-1　生产要素观念的拓展与环境重要性沦丧的正反金字塔结构示意图

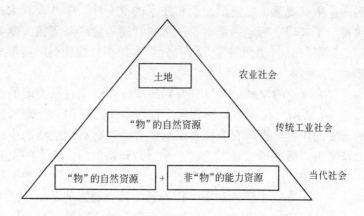

图 3-2　环境观念拓展的金字塔结构示意图

的才能，组织管理着自己的员工，使用着高效率的大型设备，贪婪地从环境中吸取着财富，疯狂地向环境体内填塞着形形色色的污染物，对环境痛苦的呻吟置若罔闻。

当代社会，人类进一步夸大自身的财富源泉属性，把本应体现在劳动和管理才能中的知识和技术分化出来，作为了一个新的生产要素。环境在生产要素理论中的重要性进一步沦丧了。知识经济的兴起为这一要素的"炒作"起到了添油加醋的效果，有人断章取义，片面理解和歪曲"科学技术是第一生产力"的论断，不去自省和改正漠视环境的问题，反而认为随着经济的发展和科技的进步，环境问题会得到妥善的解决。也许等不到那一天，人类已经淹没在自己制造的污染物中了。

企业家管理才能要素的提出者马歇尔自己也坦言："在某种意义上，生产要素只有两个，就是自然与人类。"环境在经济活动中的基础性、关键性要素地位决不容忽视。

二、环境生产要素认识的发展

传统土地生产要素不是仅指土地本身，而且包括水源、森林、矿藏等自然资源，所以，环境其实从一开始就是基本的生产要素。马歇尔承认生产要素可以归结为自然与人类两个，也是对环境生产要素化的最基本认可。但是，这些认识中环境的范围太窄了，充其量是环境中物的部分，并不是指整体的环境。而且，这些论断建立在"自由取用物"或"地租只是土地所有者应得利益，而不是土地自然力的补偿"的认识基础上的，环境理念没有体现在内。

2001年，黄蕙在《环境要素禀赋和可持续性贸易》中提出，"将环境因素纳入一国的生产要素禀赋体系之中，使之成为一个与土地、劳动、资本等要素并列的新的要素"，强调了"一国或地区的环境容量"，虽然没有从全局角度对环境生产要素进行论证，但也体现了我国早期的整体环境进入生产要素的思想。2004年，方时姣秉承这种观点，认为资源耗竭、环境污染和生态恶化的根本原因在于仅仅把生态环境看成是经济发展的外生因素而不是内在因素。在生产要素的组合中把生态环境要素有效地纳入其中，使其成为一个内生因素，可以实现现代经济发展与可持续发展的结合。

2003年，汤天滋在《环境是构成生产力的第六大要素》中提出，环境是生产力构成的基本要素之一，是继劳动者、劳动资料、劳动对象这些实体性要素、科学技术这种强化性要素以及管理这种运筹性因素之外的第六种要素，可以称之为"条件性要素"。任何时代和地域的生产力运动都要承载于当时当地的环境之上，不具备必要的环境条件，生产力运动将无法进行。2005年，赖宝成、王英华在《先进生产力中的生态环境要素分析》一文中提出，生态环境是先进生产力的构成要素，是先进生产力的前提和基础。作为先进的生产力，其基本构成要素中应凸显生态环境这一因素，增加生态环境要素。2007年，汤天滋撰文主张将环境要素纳入公共管理框架中去，并指出，在市场经济条件下，市场是资源配置的主要力量，市场体制和机制是促进经济、社会发展的主导力量。但主要力量和主导力量都不是基础力量，环境容量或称环境承载力才是经济、社会发展的基础力量。如果这个基础力量脆弱，即环境容量萎缩或者环境承载力下降，即便市场牵引的主导力量再强大，经济、社会的发展也会因为缺乏环境提供的物质支持和条件支持而难以为继。这些论述把环境作为生产力的构成要素，虽然与环境生产要素的概念还有一定的角度差异和内涵区别，但对环境生产要素化的必要性和重要性做了深刻的解读。

2004 年，笔者在首届创新与管理国际会议上做了题为《The Innovating Discussion on Bourse Mode Emissions Trading》的专题报告，认为环境是"企业生产不可或缺的要素之一"。2005 年，在专著《排污权交易市场建设研究》中提出，"企业的某种生产要素——环境要素在市场中进行交易"，"可以得到以最少的花费保持同样环境质量的效果，使环境要素的利用率达到最大化"。2006 年，在第三届中美公共管理高层论坛上做题为《环境资源管理市场化中的产权问题及其解决思路》的报告，认为环境是"以改变自然环境构成物质的成分、数量和结构为代价参与到决定生产可能性曲线位置和形状的生产要素"，提出了环境容量生产要素的概念，并对其基本特征进行了分析。2009 年，笔者在《石家庄铁道学院学报（自然版）》第 1 期发表了《环境生产要素市场的供求均衡及其对厂商生产的影响》，对环境生产要素的市场供求模型和厂商的生产要素组合调整模型进行了分析论证。

2005 年，财政部长金人庆在十一五财政政策中，将"环境"与劳动力、土地等传统生产要素并重，提出"理顺资源、劳动力、土地、环境等生产要素的价格"，首次在政府文件中把环境作为生产要素。2007 年，在内蒙古召开的循环经济理论与实践研讨会提出"把生态环境和基本资源作为生产要素，进入市场流通"。环境生产要素理论的研究在我国正式开始了。

第二节　环境相关经济属性的研究进展

一、国内外环境的资源属性研究情况

资源即"资财之源，一般指天然的财源"（《辞海》）。它在当代和广义上指人类生存、发展和享受所需要的一切物质和非物质、天然和人工的要素，狭义上仅指自然资源。本书所探讨的环境资源问题，是就其狭义层面来说的。

经济学研究的资源要求具备两个特征：有用性和稀缺性。环境中的各种组成部分对人的有用性不同，并且随着社会发展而变化。即便是有用的，相对于不同时代的人类需要来说，丰歉程度不同，经济学给予它的稀缺性也不同。所以，经济学在不同时代界定的来源于自然环境的经济资源的范围不同。在经济学产生之初，威廉·配第提出"土地是财富之母"，确认环境中的土地是经济资源。亚当·斯密构造了最早的经济增长基本模式：$\Delta G = f(L, K)$，其中 ΔG 为经济增长，L 为劳动，K 为资本，在承认土地是经济资源的基础上，把土地、劳动和资本并称为财富之源，认为市场机制与自利个人有机结合，劳动和资本所要求的环境基础不存在任何障碍，土地之外的环境不是资源。法国经济学家萨伊对这种三位一体的资源观加以公式化，并固执地提出：除土地、森林、煤炭及其他需要人类耕作、开采、加工的有形自然物以外，其他环境事项，"是自然所赐予的无代价礼物，……不属于政治经济学的范围"，不属于经济资源。李嘉图、赫克歇尔等众多古典经济学家基本都是在这一资源认识基础上展开分析的。恩格斯在《自然辩证法》中指出，"自然界为劳动提供材料，劳动把材料变成财富。"也是从环境提供有形的、直接作为生产对象的角度来揭示环境的资源属性的。这种认识奠定了马克思主义经济学的基本环境资源观。目前，国内外资源环境学科、经济学科和其他相应学科以及社会大众中，这种传统的自然资源认识仍然比较普遍。

在环境的资源属性范围拓展研究方面，穆勒（John Mill）做出了重要贡献，在其《政治经济学原理》一书中，穆勒把自然资源的概念延伸到更为广义的非生产性环境资源，认为经济系统中的环境资源，除了物质生产功能外，还具有人类生活空间和景观美学的功能，这些功能同样是人类文明进步所不可缺少的。马歇尔进一步提出，环境资源除了作为生产性输入外，还向人类提供休闲和环境服务，这种环境服务功能具有直接的经济价值，是环境资源的一个重要经济功能。保罗·萨缪尔森在《微观经济学（第16版）》中提出：可分拨的自然资源包括土地、石油和天然气那样的矿产资源，以及森林；不可分拨自然资源是一种对个人免费而具有社会成本的资源。把古典经济学中认为不必付费而自由取用的自然也归入了资源。张象枢、魏国印和李克国于1994年在《环境经济学》中把环境为人类提供的功能和服务总结为以下几方面：（1）提供人类生产活动的原材料，如土地、空气、水、森林、矿藏；（2）提供人类的生存场所，即人类赖以生存和繁衍的栖息地；（3）对人类活动排放的污染物具有扩散、贮存、同化，即对污染物具有净化作用；（4）提供舒适性服务，如休闲场所和娱乐资源，为人类的精神生活和社会福利提供物质资源。在事实上承认了环境具有包括传统自然资源含义在内的更为广泛的资源内涵。

此后，环境的全面资源属性的认识逐步确立起来，有学者将环境资源作为自然界向人类提供服务时除了传统自然资源以外的无形的、间接性的补充性部分，在论述问题时将二者并称为"自然和环境资源"或"环境和自然资源"；也有学者将其作为对传统自然资源概念内涵的丰富，不用环境资源这一独立概念，而沿用发展了的自然资源概念，或认为两个概念的意思是一致的；更多的学者将环境资源作为包含自然资源在内的更为广义的独立概念。

汤姆·泰坦伯格、叶文虎、李明、马中和蓝虹、陈红枫等学者在论述相关问题时用自然和环境资源来表达，叶琳娜·克拉尼娜和钟明等学者则使用环境和自然资源的提法。

联合国人与生物圈中国国家委员会的阳含熙认为，"环境与自然资源是一个东西，环境能被人利用的部分，我们便叫它自然资源。"原国务院环境保护领导小组张树中认为，"水、气、土都是组成自然环境的各种因素，同时它们也都是自然资源。因此，可以这么讲，环境往往就是（自然）资源。"这些认识把自然资源概念广化为自然地理环境所能提供给人类的一切有形和无形的福利与效用，刘治兰、吴新民、潘根兴、原毅军等学者也同意这种意见，李磊则认为环境资源和广化的自然资源是等价的，可以替换使用。

1962年美国科学院国家研究理事会给肯尼迪总统的总结报告中称，"最严重和最经常被忽视的资源或许是人类的整个环境。"国家环境保护局研究员李金昌认为："各种自然资源都是构成环境的要素，环境也是一种自然资源，所以我这里将环境和自然资源统称为环境。"这些认识体现了独立的环境资源概念。任景明和温元坼、耿世刚、庞淑萍、韩德婷和宋薇、马中、甘大力和王震声、郝俊英和黄桐城、韩宗先，周先容、吴玲和李翠霞、诸大建、巩勇、张茵和蔡运龙等学者也先后在其著述中独立使用环境资源概念，将其作为包含传统自然资源在内的，包含全部自然地理环境功效的全新概念。大的整体环境的全面经济资源属性得到了多方的共识。

二、国内外的环境稀缺性研究情况

在环境的资源性基础上，众多学者对环境的稀缺性进行了探讨。马尔萨斯（Thomas Malthus）被认为是第一个关注自然资源稀缺对经济发展产生约束的古典经济学家。他认为，所有的自然资源将很快为以指数形式增长的人类所占据利用，人类如果不能正视自然资源的有限性，不仅自然资源会遭到破坏，而且人口数量将会以灾难性的形式（如饥荒、战争、瘟疫等）减少。这一思想后来被称为"绝对稀缺论"（Absolute Resource Scarcity）。李嘉图（David Ricardo）以土地资源为例，指出肥力较高的土地数量是有限的，在市场的作用下，肥力较低的土地数量会不断增加，尽管报酬递减的趋势不可避免，只要通过改良土壤、使用机器等技术进步，相对稀缺的土地资源便不会构成对经济发展的不可逾越的制约，这一思想被后人称为"相对稀缺论"（Relative Resource Scarcity）。穆勒（John Mill）继承了李嘉图的相对稀缺论，认为资源的极限只是无限未来的事，与现实世界无关，社会进步、技术革新不仅会拓展这一极限，而且还可以无限地推迟这一极限的到来。马歇尔（A Marshall）在环境资源的经济功能认识基础上，运用外部性理论，指出由于环境的服务价值游离在市场之外，从而加重了环境资源的相对稀缺性。鲍尔丁（Kenneth E Boulding）在《即将到来的太空船地球经济学》一文中提出宇宙飞船经济观，认为人类唯一赖以生存的最大环境系统是地球，而地球仅仅是茫茫太空中一艘小飞船，人口和经济的不断增长终将用完这一"小飞船"中的有限资源，人类的生产和消费废弃物也终将使飞船全部污染。为此，鲍尔丁提出以"循环式"经济替代"单程式"经济的设想。克尼斯（Allenv Kneese）等依据热力学定律，对传统经济系统做了重新划分，并将环境因素纳入投入产出分析，提出了著名的物质平衡理论，认为经济系统与自然环境之间存在着物质流动关系，外部不经济是现代经济系统所固有的特征，经济系统大量排放污染物导致环境成为稀缺资源。美国经济学家塞尼卡所说，"生活在一个普遍存在稀缺的世界，因为一切为人类生产所必需的物品和服务的资源，相对于人的消费愿望来说，都是有限的。"

20 世纪中期以来，环境的稀缺性得到了绝大多数学者的认同，但在具体表现为绝对稀缺还是相对稀缺问题上分歧很大。主流学者大多对环境问题表现乐观态度，持相对稀缺观点。比如朱力安·西蒙（Zhulia L Simon）、卡恩（H. Kahn）、Dalv、Norgaard 等认为，科学的进步和对资源利用效率的提高，将有助于克服环境稀缺带来的问题，生产的不断增长能为更多的生产进一步提供潜力，因而环境问题是能解决的。雷切尔·卡逊（Rachel Carson）、丹尼斯·米都斯、福伊斯特（Forester）、戴维·皮尔斯（Pearce）等人的观点则更接近绝对稀缺观点，认为环境资源将随着人类的经济生产而逐步耗竭。我国的学者在分持绝对稀缺论和相对稀缺论的同时，还有更多学者的观点更为辩证一些，认为环境资源有可耗竭和不可耗竭、可再生不可再生之分。可耗竭和不可再生的环境资源是绝对稀缺的，但人类可以通过提高技术和资本对其减量化使用，并不断寻找替代资源和人造资源；不可耗竭和可再生的环境资源是相对稀缺的，可以通过限定对其消耗的"度"的把握，维持其自身循环再生，达到永久使用。但一旦超过了其自身再生的界限，可能会导致其永久的丧失。

三、国内外的环境有价性研究情况

稀缺的资源应当是有价的，但是，这个问题在环境方面显得并不那么轻松。传统的劳动价值论、多要素价值论、主观效用论、供求决定论等等，在对环境资源价值进行解释时都存在一定困难。在全面认识环境资源的重要性和多种功能的基础上，各经济价值理论学派都对环境资源价值问题进行了尝试。劳动价值论者从马克思认为价值的实质是反映特定的社会关系、环境资源再生产也需要人类劳动投入、人类活动作用于环境使得环境资源中凝结着人类的劳动等角度对环境资源价值进行了说明。多要素价值论者从环境资源认识逐步加深，环境作为资源逐步进入生产角度论证环境资源具有价值。主观效用论者以有用和稀缺两种性质来评价价值，环境资源具有了这两种特点，自然也就有了价值。供求决定论者借助从亚当·斯密开始的市场能够反映资源稀缺程度的认识，和科斯定理提出的在明确产权和降低交易成本基础上市场可以调整环境资源的观念出发，认为市场供求可以反映环境资源的价值。

有些学者认为以上传统价值理论是以商品为研究对象的，当研究的对象不属于商品范畴时，再用这些传统理论来分析价值就犯了前提不同适用范围不同的错误。John Krutilla 在 1967 年 9 月出版的《The American Economic Review》上发表了资源经济学的奠基之作《Conservation Reconsidered》，提出了"舒适型资源的经济价值理论"。英国人 Pearce 等在概念上系统地讨论了环境资源经济价值的构成，环境总经济价值包括使用价值和非使用价值。使用价值可分解为直接使用价值、间接使用价值、存在价值和选择价值。在此基础上，OECD 组织又加上一个遗传价值。

我国学者也进行了一些突破性研究。有学者认为，"价值应该是某种能力在其受造物中的凝结，自然资源作为客体能提供物质产品和舒适性服务，可以满足主体人类的需要，具有服务于人类的能力，因此自然资源是有价值的。这种价值产生于人类与自然界的关系，正是通过这种关系体现出自然资源价值的存在形式。"有学者认为面对如此严重的环境危机，不能弃臼于传统的价值理论，"价值不仅是人类劳动的凝结，而且是自然进化的凝结。……我们不仅应当建立劳动价值论，而且应当建立自然价值论。""价值的唯一源泉并非只是人类的劳动，自然也创造价值，所以自然也是价值的源泉。""自然环境所具有的满足人类需要的属性和功能，集中反映了自然环境的价值。"有学者从环境资源的负外部性出发，认为外部成本反映了环境资源的价值。有学者提出了费用-效用价值论，从恩格斯的价值费用含义和环境资源有用角度论证环境资源的价值。

四、国内外的环境资本属性研究情况

在环境资源及其稀缺和价值问题研究的同时，一批学者从环境参与经济生产、支持经济增长和进入经济核算的角度，展开了环境资本属性的研究。在这个过程中，不同学者分别使用了自然资本、环境资本、生态资本的概念，考察其内涵，其本质是一致的，除直接引用外，在本书正常论述时一律使用环境资本的表述。

环境资本最初提出是源于国家债务问题的讨论，Vogt 认为自然资源的耗竭必然降低国家偿还债务的能力，所以自然资源实际上是国家发展的资本，称自然（环境）资本。作为"可支持的经济增长"理论的中心思想，1987 年，布伦特兰德委员会提出把环境当作资本看待，认为环境和生物圈是一种最基本的资本。1993 年，皮尔斯在他的著作《世界无末日》中提出用自然资本和另外两种资本来估算可持续发展能力。在皮尔斯研究的基础上，1995 年世界银行将资本划分为四个部分：人造资本、人力资本、自然资本和社会资本。1999 年，美国总统科技顾问委员会发表了题为《投资科学——认识和利用美国自然资本》的报告，把生物多样性和生态系统视为自然资本，并对其经济价值给出了定量评估。现在，联合国环境计划署认为一个国家或一个社会的可持续发展程度可以用其所保有的资本水平来衡量，可持续发展中资本的类型可以划分为自然资本、制造资本、人力资本、社会资源等四种。

目前，国内外对环境资本的概念、内容和量化评价的研究比较多。R. Costanza 明确提出了环境资本的概念，认为资本是在一个时间点上存在的物资或信息的存量，每一种资本存量形式自主地或与其他资本存量一起产生一种服务流，这种服务流可以增进人类的福利，并对全球生态系统的服务和功能进行了价值估计。黄兴文等则将环境资产定义为"所有者对其实施生态所有权并且所有者可以从中获得经济利益的生态景观实体"。张军连等则认为环境资产是在自然资本和生态系统服务价值两个概念的基础上发展起来的，一切自然资源、生态环境及其对人类的服务功能都是环境资产。王健民在《中国生态资产概论》中把广义和狭义环境资产分别定义为一切环境资源的价值形式和国家拥有的、能以货币计量的，并能带来直接、间接或潜在经济利益的环境经济资源。Paul Hawken、Amory Lovins 和 L. Hunter Lovins 认为，传统的资本定义总是忽视使所有的经济活动和所有的使生命成为可能的自然资源和生态服务系统，提出应该赋予自然资源和生态服务系统货币价值，称其为自然资本，认为自然资本论将引发一场新的产业革命。甘大力、王震声认为，环境资本一般可分为有形环境资本（或硬环境资本）与无形环境资本（或软环境资本）。有形环境资本，主要包括土地、水、矿产等自然生态环境，以及交通、电讯、信息网络等基础设施建设的硬环境；无形环境资本则更多地强调制度（或体制）、机制、观念等因素。赵兰香等将世界财富分为自然资本、人力资本和创造资本，原料出口国以自然资本为主，但仅占世界财富的 4.6%。邢继军从治理环境的巨大开支和环境问题的巨大损害角度出发，认为必须把环境视为资产，环境资本化是可持续发展与提高经济效益的双赢理论。陈艳莹、原毅军对自然资本经济增长可持续条件进行了量化分析。邹骥认为，应该把干净的水和空气看作是一种资本，污染了原本清洁的环境就是在消耗一种有价值的资本，是生产过程中的一种投入。无论什么形式的投入，都是要求尽可能少的投入，尽可能高的产出。将环境转化为资本，少投入、高产出，这样生产就与"减少污染"的目标相吻合了，环境和气候问题就好解决了。

五、国内外相关环境经济属性研究简评与启示

面对严峻的环境问题，国内外学者从不同领域、角度和层面揭示了环境的资源性、稀缺性和有价性，甚至从动态投资角度提出了环境的资产性。西方发达国家较早品尝了环境危机的苦果，在相关环境经济属性的研究方面也处于领跑地位，但国内的研究跟进很快。尽管不同学者的关注点不同，研究方法不同，在具体问题上的理论依据、概念表述和个人观点还有差异，但大家的方向是一致的，那就是重视环境，依照可持续发展战略的指导，寻求经济和环境的和谐统一。这些研究都是积极的，有创意的，可以推动可持续发展的整体发展。

　　在研究过程中，几乎所有的学者都关注到了环境中的无形的功能性、服务性部分，比如环境容量和审美享受，从传统自然资源概念所指向的有形物质部分和无形的功能性、服务性部分的整体来认识和研究环境，赋予其相关经济属性，这是人类环境认识的重大进步。但可能是熟悉程度和表述方便的问题，许多学者对环境的无形部分的研究还不够深入，在具体问题上分析得不够透彻和清晰。对无形环境的价值衡量、资本性使用、国家管理和问题治理的思路还不够明确，理论研究缺乏体系，方法措施的系统化和可操作性有待加强。可以考虑从这些问题入手，在环境资源性、稀缺性和有价性基础上，展开对无形环境的专题研究，深入探讨它在经济活动中的作用和规律，发现它与市场机制和政府调控之间的关系，寻找防治污染的系统制度措施。

　　环境资本性的界定，典型地体现了环境支持经济增长的特点，把环境尤其是无形环境被动参与经济活动视为主动性投资，认为环境资源是投资过程中的一项投入，作为付费的投资要素，它也必然要求获得价值增值。这种认识迎合了当代经济社会重视资本的特点，有利于生产行业对环境的认识和重视，便于环境的核算计量和经济补偿。但资本往往都是血淋淋的，充斥着对赚取利润的渴望，过多强调资本性可能会使人忽视它成本性的一面，而进一步加大对环境的开发和使用力度。无形环境，包括环境容量，也是资本，它对生产的参与也是一种投资，这一认识对于环境容量管理和污染的防治具有非常突出的启示意义。正如邹骥所说的，环境资本化了，环境和气候问题就好解决了。本书关于环境容量生产要素化的研究与此存在着诸多联系。

第三节　环境生产要素地位的动因和意义

一、环境生产要素的概念

　　所谓环境生产要素，是在物和非物两部分结合的大自然地理环境观的基础上，承认整体环境的稀缺性、价值性，根据可持续发展对环境系统与经济系统融合的要求,从更正生产要素理论对环境的狭隘性认识出发,对环境做出的有利于改良环境管理和经济活动理念的性质界定。是对环境以改变自身构成的成分、数量、结构和能力为代价参与生产,形成物质财富,并决定生产可能性曲线位置和形状的功能的充分认可和重视。根据对环境的范围界定不同,环境生产要素至少可以分为广义和狭义两种理解。

广义的环境生产要素是指整体环境都应该作为基础性生产要素,对其在生产中的贡献,也就是在产品价值形成中的地位给予充分重视,进入微观和宏观经济核算,在微观和宏观经济分析和规律探索中予以体现。广义环境生产要素中的传统自然资源部分已经以土地名义进入生产要素了,但这不等于这一部分的认识不需要改良。比如,在传统经济分析中,认为生产要素的投入效果都是正向的,但环境生产要素既能增加物质财富,促进经济增长,又会产生环境污染、生态破坏等负面效应。所以,引入环境生产要素理念以后,许多经济增长理论需要重新推敲和调整。

狭义的环境生产要素是指把传统生产要素理论中忽略的环境中非物的能力部分内化到生产要素中,使之与土地要素并列,成为两大类生产要素中"自然"要素种类的第二个成员,与"人类"要素种类的三个成员一起,作为第五种生产要素。环境中非物的能力部分的主体与核心是环境容量,而且环境的调节能力、承载能力等都是从环境容量角度进行分析或与之密切相关的,所以,在很大意义上,狭义的环境生产要素就是环境容量生产要素。上面提到的黄蕙、汤天滋、方时姣、赖宝成等一些学者也都是在这一狭义角度界定环境生产要素的。当前全球范围内出现的环境危机大都是生产排放超过环境容量所导致的,所以当前所谓对环境问题的研究绝大多数都着眼于环境容量,环境中物的部分的问题一般都归属在能源危机、资源危机等的相关研究中。正是在这种背景下,环境容量生产要素可以直接简称为环境生产要素。在没有特别指明的情况下,本书所用到的环境生产要素是就其狭义范畴展开的。

与环境资源概念相比,环境生产要素概念更具体,与经济系统结合得更紧密,更能体现环境的价值。与环境资本概念相比,环境生产要素概念既能体现环境的投资功能性，又能避免资本单纯追求增值的局限性，还能在生产要素体系中避免与传统资本要素的重合。本书认为，环境的生产要素界定比这两个概念更准确，在可持续发展战略实践中的实用性更强，效果也会更明显。

二、环境生产要素化的动因

（一）污染加剧、环境危机日益突出是根本动因

目前全球人口已经超过 61 亿，资源和能源正在耗竭，世界环境危机不但没有缓解，还呈现明显的加速趋势。环境污染问题随处可见，严重影响了生产和生活。世界银行于 2007 年 11 月 20 日发表报告，认为中国 2006 年污染损失占 GDP 5.8%，计算值约为 12000 亿元，由于健康和其他问题而花去的费用总计约 1000 亿美元（约 7400 亿元人民币）。《中国绿色国民经济核算研究报告 2004》指出，2004 年全国因环境污染造成的经济损失为 5118 亿元，而这些污染的治理成本需要 10800 亿元。而通过传统的政府规制和经济手段，已不能保证应对环境问题和经济发展的要求。面对正在枯竭的环境和不断增长的生产需求，必须进行环境生产要素化创新。

（二）大环境观和小土地要素观的矛盾是直接动因

在当代社会，人们已经认识到环境不仅是物的自然资源，而且包括非物的环境净化、环境承载、气候调节和人文蕴蓄能力，这两者都积极地参与了人类整个经济社会发展历程，对经济活动不可或缺。整体环境的资源性、价值性、资本性和稀缺性与狭隘的土地生产要素理论形成了鲜明的对比和矛盾（参见图 3-1 和图 3-2）。生产要素理论对环境整体性的忽视体现了财富来源和财富形成观的扭曲性，更多地看到人类自身的因素而忽视环境的基础性地位。这种认识直接导致经济活动对人的重视，对管理的重视，对技术的重视，而对环境问题视而不见，或认为经济活动对环境问题无能为力。正是环境在财富形成观中的被迫缺席才造成了经济系统与环境系统的隔阂，还原整体环境的生产要素本性是还原经济系统与环境系统关系的唯一办法。

（三）可持续发展战略的经济理论缺乏是需求动因

近年来，随着可持续发展战略的提出，环境对经济发展的重要性日益得到重视。环境经济学家和生态经济学家，从不同角度强调了环境是经济发展的基本制约因素。然而这些探讨都是将环境作为决定经济发展及其可持续的外在力量来对待，缺乏内在动力。可持续发展不能只作为政治纲领，也不能仅停留在理念层面，必须要有实际的、具体的理论和措施来支撑。周光召院士指出："到目前为止，可持续发展所拥有的全部理论和方法，还远远不能恰当地反映和解释它所面对的对象。"所以，必须加紧可持续发展经济理论和实践措施的研究，环境生产要素化研究就是在这种需求下展开的。

（四）加快用经济手段推进污染减排是机制动因

由于政府规制在环境管理中存在的一些本身局限和政府失灵的存在，加强环境管理的经济手段的研究和使用是当前世界各国的共同行为。1972 年，OECD 组织率先代表世界主要发达国家提出污染者付费原则，并开始积极倡导环境经济手段的运用。1992 年，《里约宣言》提出，"国家当局应该努力促使环境费用内在化以及经济手段的应用。"1994 年，《中国 21 世纪议程》承诺"将环境成本纳入各项经济分析和决策过程，改变过去无偿使用环境并将环境成本转嫁给社会的做法"，并"有效地利用经济手段和其他面向市场的方法来促进可持续发展"。《国务院关于落实科学发展观加强环境保护的决定》第 32 条规定：经济综合和有关主管部门要制定有利于环境保护的财政、税收、金融、价格、贸易、科技等政策。2007 年中央经济工作会议要求"要加快出台和实施有利于节能减排的价格、财税、金融等激励政策"。环境生产要素化是一种典型的市场化经济性环境管理思路和手段，环境管理体制从政府规制到经济手段的改革为环境生产要素化提供了体制环境。

（五）市场逐步发育和市场意识增强是市场动因

环境生产要素化也是市场经济的产物，它的关键就是在总量控制框架内配售环境要素，并在此基础上运用市场手段进行交易。在市场发育程度低的情况下，公众的市场意识不强，市场运转的规章制度不完善，很难实现环境生产要素的市场交易。近些年来，随着市场发育程度的提高和水资源日益短缺，人们的市场意识不断加强，市场运转的有关规章制度逐渐建立和完善，排污权交易市场从无到有，为环境生产要素市场建设进行了良好的宣传和示范效果，从而使环境生产要素理论的创新显得十分迫切并成为现实的可能。

（六）环境的经济增值是内在经济动因

环境生产要素化的提出与环境经济价值的逐渐提升是紧密相关的。在环境经济价值很低甚至没有经济价值的情况下，作为一种十分充裕的公共产品，每个生产单位和个人都可以自由地获取和使用环境资源。在这种情况下，环境的稀缺程度不明显，相应的获取和使用成本较低，也没有强烈的环境产权要求。然而，随着环境危机程度的加剧和社会经济的发展，环境在生产和生活中的重要性逐渐被认识，获取和使用环境所需要支付的成本费用越来越高，环境经济价值日益提升。在潜在经济效益的诱导下，生产者对于拥有环境的使用权就会有强烈的要求。另外，由于不同部门、不同地区和不同厂商的环境利用效率不同，因而单位环境经济效益就会有所差异，使得环境在不同厂商之间的交易成为可能和必要。在这种情况下，可以利用环境生产要素化，在明确环境生产要素总量的基础上，在需求者之间进行配售和监测，允许其自行交易，从而实现环境生产要素的高效持续利用和环境总量达标的双重目标。

三、环境生产要素理论的意义

环境生产要素理论研究以整体环境观为基础，围绕构建统一市场化的环境管理和生态补偿机制这一世界性命题，探索"环境-经济-社会"多系统协调统一的跨学科基础理论，并谋求其在环境政策和环境补偿领域的实践应用。它可以充实环境管理和经济学基础理论，提供可持续发展战略的经济理论基础，探究环境容量在生产中的要素性函数关系及其市场供求机制，展现环境对生产的真实贡献，揭示生产补偿生态环境的依据；还可以创建新的环境管理理念和管理措施，发展排污权交易理论，解决"总量控制"和"污染者付费"实施中的制度和数量难题，构建环境要素流通机制，推进环境行政管理的公共化和市场化改革；可以应用于绿色 GDP 和环境会计领域，推动相应事业发展；借助环境生产要素理论条件下的系列环境经济指标，构建新型生态环境补偿机制，谋求生产与环保之间，生态群落之间、地区之间、代际之间的自发调节与补偿。

环境生产要素理论把环境公共资源生产要素化和市场交易化，在明确产权由代表民众利益的政府代管，配售给厂商使用的基础上，实现厂商对环境公共资源排他的付费使用，与其说把环境负外部性内部化了，不如说消除了环境负外部性。与同样是消除负外部性的排污收费和排污权相比，环境生产要素理论可以更充分地发挥市场机制配置环境资源的基础作用。从实现环境目标的角度来看，环境生产要素理论的优势可以主要从以下几点来认识：

（1）环境生产要素理论充分利用市场机制这只"看不见的手"的调节作用，使价格信号在生态建设和环境保护中发挥基础性作用，从而更具有市场灵活性。环境生产要素交易不需要像排污收费那样，事先确定排污标准和相应的最优排污费率，而只需确定环境生产要素的地区总量指标并合理配售给厂商，然后让市场自己去运行。通过价格变动，环境生产要素市场可以对经常变动的市场物价和厂商治理成本做出及时的反应。相比排污权交易制度，环境生产要素的设计理念建立在重视环境价值基础上而不是为污染探寻理由，更易为社会公众接受；它借助传统经济学的概念和机制体系出现，其市场建设和厂商认同的阻力会小一些，更容易进入经济核算，实现环境的市场化补偿。

（2）环境生产要素理论有利于政府发挥在环境问题上的宏观调控作用。由于非对称信息的存在，政府决策可能出现失误，也可能落后于形势，环境标准和排污费征收标准的修改有一定的程序，同时，修改涉及各方面的利益，因而有关方面都会力图影响政府决策，从而久拖不决。有了环境生产要素相关制度后，政府管理机构可以通过增投或回购环境生产要素来影响环境生产要素价格，从而控制环境标准。这种作用就好比"公开市场业务"干预经济运行情况一样，是一种间接的，市场的调控活动，实施简便，不但不会遭到企业的敌视，而且还会起到引导企业尊重市场规律的积极效应。

（3）环境生产要素制度可以实现环境政策的成本最小化和经济主体的利益最大化。为了谋求一定的环境质量效果，政府管理机构会测定地区环境总量控制指标，并根据需要投放环境生产要素。在不增加要素供给，即地区污染物排放不得增加的前提下，借助环境生产要素交易市场，边际治理成本比较高的污染者将买进环境生产要素，而边际治理成本比较低的污染者将出售环境生产要素，其结果是全社会总的污染治理成本最小化和经济主体的利益最大化。

（4）环境生产要素交易制度有利于优化资源配置。一般来说，环境标准不能绝对禁止排放污染物。因此，即使某地所有的厂商排放的污染物都达到了环境标准的规定，随着厂商数量的增加，污染物的排放量仍然会增加。如果为了确保总的排污量指标不被突破，不允许新厂商进入该地从事生产，有时又可能影响经济效益，因为新厂商的经济效益有可能高于原来的厂商，而其边际治理成本又有可能低于原来的厂商。环境生产要素交易为这些厂商提供了一个机会。通过环境生产要素交易，既能保证环境质量水平，又使新、改、扩建企业有可能通过购买环境生产要素得到发展，有助于形成污染水平较低而生产水平较高的合理工业布局。

（5）环境生产要素制度可以借助成本机制形成节能减排的驱动力，提高企业投资污染控制设备的积极性。污染控制投资在技术上往往是"整体性"或不可分的。要进一步减少一单位污染，通常需要增加一大笔投资。例如，购置一台设备，建设一座污水处理厂。这些设备不仅可以处理增加的一单位污染，而且可以处理很多单位的污染，直至达到该设备的极限，此后如果再增加处理量，需要再做一笔大投资。因此，实际的污染治理投资是阶梯型递进的。但是如果按照减少每一单位污染所分摊的成本求出边际治理成本曲线，并以此来确定庇古税，厂商将产生和最优庇古税下不同的反应。如果管理机构错误地估计了厂商的控制成本，使庇古税低于控制成本，企业将选择交税而不是添置污染控制设备，这样就达不到排污量的控制指标。投资的整体性助长了厂商不愿对控制设备进行投资的倾向。环境生产要素交易排除了上述问题。环境生产要素交易使得企业节约下来的环境生产要素能够在市场上出售，或贮存起来以备今后企业发展使用，因而能够促使厂商采用先进工艺，减少污染排放或采用更有效的控制设备增大污染物的消减量。

（6）给社会上所有人以表达意见的机会，有利于在环境问题上消除误会和矛盾。政治学认为社会公众利益是民众与政府之间以及不同社会利益团体之间产生矛盾的焦点，公共性明显的环境问题即是其中最为典型的一个。合理的沟通和意见表达方式是消除矛盾的重要方式。如果环境生产要素市场是自由开放的，则任何人（不管是不是排污者）都可以进入市场买卖。企业可以进入市场，表达自己为生产而愿意支付一定数额的环境生产要素使用费；环境保护组织如果希望降低污染水平，也可以进入市场购买环境生产要素，然后把它控制在自己手中，不再卖出，表达自己愿意为环保事业支付费用。通过市场，排污者、抵制排污者和政府干预机构可以达成一种和谐。这种办法是有效的，因为它可以通过支付意愿反映人们的选择，消除误会和矛盾。

第四节　环境生产要素理论研究的主要内容和基本框架

一、环境生产要素理论研究的基本内容

（一）环境容量在生产中的要素性函数关系和厂商行为影响

选择受危害明显、必要性强的水环境要素和大气环境要素展开研究，探讨环境生产要素化对厂商成本的影响、利润的影响、等产量线的影响，厂商短期和中长期生产要素配置的变化和对环境要素化管理的响应情况。认为环境要素化以后，短期内企业显性成本会上升，利润会受到一些影响，但中长期分析显示，厂商可以重新配置各种生产要素，减少行政性环境支出，消除环境领域的不公平竞争，最终促进技术革新、设备改造、工艺改进和产业升级，利润会增加。通过这一部分研究，透析环境参与生产的特点和规律，全面展现环境对生产的真实贡献，并对厂商面对环境生产要素化的行为变化进行分析，重点论述其要素投入替代规律和替代影响。

（二）环境生产要素的市场供求规律和供求机制

分市场类型进行环境生产要素的市场供给分析，得到不同于其他生产要素的典型的竖勺状供给曲线，再分市场类型对环境生产要素进行市场需求分析，最后得到环境生产要素的市场供求均衡模型。环境生产要素像土地生产要素一样具有有限性，像劳动力要素一样具有供应临界点，在其供求均衡中，总量控制和政府干预起到了重要作用。为了实现对环境的要素化管理，关键是确立市场化的供求机制，实现政府监控下的环境要素市场定价。该部分的研究以水环境要素和大气环境要素为例，具体包括厂商使用环境生产要素的原则，厂商的环境生产要素需求曲线和市场需求曲线，政府作为卖方垄断者的环境生产要素需求函数，环境生产要素供给曲线和价格的决定，环境生产要素有限性和可再生性对供求函数的影响等等。从而奠定环境要素化管理的定量基础，为环境收费、排污权配售提供经济学解释依据和管理学理论基础。

（三）环境生产要素化管理政策和主要措施

在以上研究的基础上，组合提炼环境生产要素化管理理论，并据此结合基本管理学方法，借鉴三种生产关系理论、界面活动控制理论和冲突协调理论，针对实际工作中行政手段、计划手段和市场手段大量失灵的问题，研究基于新理论的水环境和大气环境管理政策和措施，谋求环境行政管理的公共化和市场化。

（四）环境生产要素市场建设及其宏观调控意义

环境生产要素市场的基本建设框架、组织与运行、市场结构、价格机制和交易管理等等。在分析传统宏观调控手段的环境失效性的基础上，对环境生产要素供给量和价格干预手段的宏观经济调控效应进行分析。提出由现在的环保局经职能扩展建成系统的环境生产要素市场管理中心，专司环境生产要素的市场供给总量、厂商配售指标、厂商消耗量的测定，以及二级市场交易调控、价格指导和政府干预。从制度建设、组织体系、关键因素和市场运行模式等层面对环境生产要素市场建设的创新进行了设计。环境生产要素消耗量与厂商产量成正比例相关关系，政府可以通过调整环境生产要素供给量、价格变动来调控厂商产出，进而影响地区、行业和国民经济总量，使得在环境质量维护和经济产出之间获得比较直接有效的政府调控手段，便于谋求环境与发展的和谐、人与自然的和谐。

（五）环境要素化管理上的绿色 GDP 和环境会计制度发展研究

当前绿色会计和绿色 GDP 存在着一些不足和实施中的困难，环境生产要素化以后，统一的环境要素价格及其相应系列环境经济指标可以解决绿色 GDP 和环境会计的计量标准难题，并且，随着环境要素化管理政策的推行，环境要素的统计、计量将成为一项重要工作，绿色 GDP 和环境会计的许多社会和制度问题都将得到一揽子解决。值得提出的是，这种绿色会计核算和绿色 GDP 核算是市场化的，因而对环境危机的反映也是最直接的，对环境价值的体现也是最客观的，可以避免众多主观和人为因素的干扰。

（六）环境要素化管理基础上的生态环境市场化补偿机制研究

当前生态环境补偿的最主要困难在于补偿的计量标准不统一，手段片面行政化，补偿数量难以确认，到位率低。在前述研究的基础上，借助环境要素化管理理论政策及其系列环境经济指标，可以比较方便地解决这些问题，找到环境要素价格这一统一计量标准，并构建起市场化的生态补偿机制，保证生产与环保之间，生态群落之间、地区之间、代际之间的生态补偿自发有效地实现。环境生产要素交易可以实现资金从环境容量消耗者自动向环境管理者和环境要素出让者的流动，使之环境损失得到经济补偿，为环境改良改造提供经费。这种补偿资金的流向和数量都是市场化的，建立在双方自愿的基础上，可以大大简化补偿对象和补偿数量的确定过程，明显提升补偿资金到位的效率，扩大环境补偿的实现范围，提高环境补偿的合理性。

二、环境生产要素理论研究的基本框架

环境生产要素化不是简单将环境容量作为生产要素来看待，而是一个环境经济化的理论体系，一个环境管理市场化的制度体系，如图 3-3 所示。在市场机制条件下，配合政府环境管理的总量控制制度，通过对有限的环境生产要素进行市场化配置，借助市场机

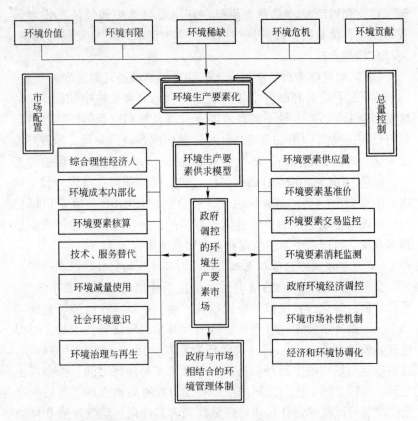

图 3-3 环境生产要素化研究的基本框架和内容

制使稀缺的环境生产要素配置达到最优，发挥环境容量的最大经济作用，同时确保环境容量低于饱和程度，便于其自身循环再生。在这个过程中，购买环境生产要素的厂商不断借助市场将资金集中到公众环境的代管者——环境行政机关的手中，由其统一安排当地环境与生态的治理、恢复、再生工作。适应总量控制、减量化和循环化的需要，市场上出售的环境生产要素不是永久的，而是有时间性的，并随时间推移而逐步减少。厂商买到的是一定环境容量在一定时期内的使用权。购买环境生产要素的成本反映到厂商核算中形成了绿色会计，反映到国民收入核算中形成了绿色GDP。环境作为收入项的现象会被成本项代替，出于对成本的减少需要，厂商会致力于技术替代和服务替代，减少对环境生产要素的消耗，并加深环境有价值的认识，进而影响全社会的环境意识。环境生产要素有非常明显的特征，结合其特征对环境生产要素的各种市场供求规律进行分析，构建其市场供求模型。在此基础上，建立环境生产要素的市场，分析其组织、交易和运行事项，发现其调控作用和市场补偿意义。

第四章

生产排放——经济活动与
环境的第二个结合点

环境是生产的源头，为生产提供了最基本的原材料、能源和资源等条件，经济活动为了自身的进行，在生产要素获取环节不得不与环境紧密结合。环境也是生产的归宿，接纳生产过程中和生产后所出现的废水、废气、废渣还有声、光、热等排放物，并且还要接纳各种报废的产品。生产活动对环境容量的这种占用和消耗构成了经济活动与环境结合的第二个节点，这个节点表面上是生产排放，内在的可表述为消耗环境生产要素。

第一节 生产排放的负外部性与成本

环境问题是人类开发和利用自然资源，满足自身福利要求的必然后果，这种后果的出现对个人福利（至少是一部分）又会带来不利的影响。也就是说生产活动对福利既有正面的作用，又有负面的作用。如果只考虑产品对人类带来的福利增加或者只考虑生产排污对人类带来的福利减少，都是片面的。为了在经济学上对比这种相互矛盾的作用，我们借助帕累托最优标准来进行分析。

一、帕累托最优效率标准及其对现实生产的分析

著名的意大利经济学家维尔弗莱多·帕累托（1848～1923）提出，效率是评价资源利用对个人福利影响的一种规范标准。如果在任何给定时间内，资源利用（生产）达到这样一种效果，即无法在不减少其他人福利的情况下增加任何人的福利，则我们认为效率标准得到满足。这时，社会福利实现了最大化，因为效率已是如此之高，以至于任何人要得到好处，必然要以牺牲别人的利益为代价。满足帕累托最优效率标准的资源利用活动是我们努力的目标。

为了确定现有生产活动中的资源配置是否有效率，我们对增加某种商品的产量进行成本-收益分析。任何数量的商品（例如每月消费的商品）都会给该商品的消费者带来满足。这就是月度消费量所带来的社会总收益。边际社会收益是指每月（或任何其他时期内）增加生产一个单位的商品所带来的额外收益。边际社会收益可通过消费者为获得这一额外单位的商品所愿意放弃的最高货币金额计算。

例如，如果每单位纸的边际社会收益为 2 元，某些消费者愿意放弃用于其他商品的 2 元支出以获得该单位纸，而且，消费者不会因此而增加或减少福利。如果上述消费者可以低 2 元的代价获得该单位纸，那么消费者的境况会得到改善。随着每月商品的数量的增加，商品的边际社会收益是递减的。

一种商品的社会总成本等于每月生产一定数量的该种商品所需的全部资源的价值。一种商品的边际社会成本等于在新增一个单位商品的过程中补偿投入品所有者所需的最小成本。在计算边际社会成本时，我们假设生产者在技术固定的条件下以可能的最小成本生产产品。如果每单位纸的边际社会成本为 1 元，则在投入品所有者境况不会恶化的前提下，为使用投入品而补偿给投入品所有者的最低货币金额为 1 元。如果投入品所有者每单位纸获得的补偿金额超过 1 元，其境况将得以改善。如果投入品所有者每单位纸获得的补偿金额少于 1 元，其境况将恶化。在下述分析中，我们假设增加月度纸产量的边际社会成本不随纸月产量的增加而递减。

图 4-1a 为某国在各种纸月产量的边际社会收益（MSB）与边际社会成本（MSC）。图 4-1b 为生产纸的社会总收益（TSB）与社会总成本（TSC）。边际社会收益为 $\Delta TSB/\Delta Q$，其中 ΔTSB 代表商品的社会收益变化，ΔQ 代表每月增加一个单位的纸产量。因此，边际社会收益由社会总收益曲线上任意一点的斜率表示。与此类似，边际社会成本 $\Delta TSC/\Delta Q$ 由社会总成本曲线上任意一点的斜率表示。

纸的有效产出可通过比较各种月产量水平上的边际社会收益与边际社会成本予以确定。请看图 4-1a 中与 $Q_1 = 10000$ 单位纸/月对应的产出。这一月产量水平是无效率的，因为纸的边际社会收益超过了纸的边际社会成本，这意味着消费者为多获得一单位纸所愿意放弃的最高货币金额超过了补偿投入品所有者所需的最低货币金额，在生产过程中我们使用了投入品所有者的资源。投入品所有者在获得补偿后，其境况不会由于多生产一单位纸而恶化。

一种商品的边际净收益是指该种商品的边际社会收益与边际社会成本之间的差值。当边际净收益为正值时，将更多的资源用于生产某种商品，有可能获得额外收益。

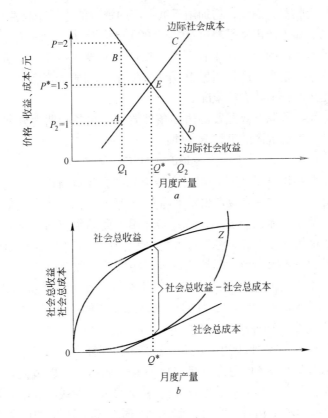

图 4-1　有效产出

在图 4-1a 中，有效产出水平 Q^* 出现于正点。在这一月度产出水平上，边际社会收益＝边际社会成本。月度产出 Q^* 使得社会总收益与社会总成本之间的差值最大，见图 4-1b。将产量增加至社会总收益等于社会总成本相等的点将导致净收益损失。与此类似，产出水平 Q_1 和 Q_2 均为无效率产出

只要一种商品的边际社会收益超过其边际社会成本，通过生产更多的该种商品将有可能使得在不损害其他人福利的条件下，至少有一个人的境况可以得到改善。随着越来越多的资源用于该种商品的生产，净收益将达到这样一点：在这一点上边际社会收益降至等于其边际社会成本的水平。如果分配用于该种商品生产的资源超过了上述边际社会收益等于边际社会成本的点，边际社会成本将超过

边际社会收益。因此，增加用于纸生产的资源的边际净收益小于零。换言之，如果产出水平超过 $Q^* = 15000$ 单位纸/月，消费者不再愿意牺牲足够金额的资金用于补偿增加纸产量而导致的投入品所有者的成本。结果是当月产量超过 Q^* 单位时，在不损害生产者利益的情况下，无法改善消费者的境况。

因此，资源有效配置的边际条件要求，在各时期内分配用于每种商品生产的资源满足如下条件：

$$MSB = MSC$$

在图 4-1a 中，有效产出对应于边际社会收益与边际社会成本曲线相交的点。这一有效产出水平为 $Q^* = 15000$ 单位纸/月。如果边际社会收益 > 边际社会成本，通过增加用于商品生产的资源数量，有可能获得额外净收益。将产量由 Q_1 增至 Q^* 所带来的额外净收益由 ABE 的面积表示。当边际社会成本 > 边际社会收益时，减少月产量可以在不损害其他任何人的条件下至少使一个人的境况得以改善。因此，$Q_2 = 20000$ 单位纸/月的产量是无效率的。月产量由 Q_2 降至 Q^* 可能带来的额外净收益为三角形 CED 的面积。

在 Q^* 产出水平上边际社会收益等于边际社会成本，使用资源生产商品或提供服务的总净满足（收益减去成本）得以最大化。如图 4-1b 所示，当月产量水平为 Q^* 时，社会总成本曲线的斜率与社会总收益曲线的斜率相等。当月产量为 Q^* 时，图 4-1b 中的两条曲线间的距离达到最大值。这一差值代表（社会总收益 - 社会总成本）/月，即商品的社会总收益超过社会总成本后的剩余。这就是商品的月度总净收益。增加商品产量，直到社会总收益等于社会总成本（对应于图 4-1b 中的 Z 点）将降低月度总净满足水平。因为随着商品月产量的增加，社会总收益与社会总成本之间的差值将逐渐减少。在社会总收益等于社会总成本的交点上，商品的总净收益实际上为零！

如欲使某种商品的社会总收益最大化，商品的月度生产量与销售量可无限扩展。这一结论成立的前提是商品的月产量越高，人们的福利水平就越高。效率标准同时考虑商品的社会总成本和社会总收益。当社会总收益与社会总成本之间的差值达到最大值时，效率标准也达到了均衡状态。

在上面的讨论中，我们假定利用资源对纸的生产只会给消费者和生产者带来福利，但事实并不是这样的。纸的生产过程排放出有害的废水、废气、废渣和噪声等污染物质，人类的天然福利——清洁的环境被破坏了，同时，消费者为了净化自己的生存空间，治疗由于污染而引发的疾病和预防这些疾病所花费的医疗费用，需要额外消减福利，增加支出，生产者也必然从获得的福利中进行相应支付。一部分人得到了生产带来的福利，另一部分人因为生产而减少了福利。在上述分析中，所谓的社会总成本并未考虑针对环境污染的成本，实质上是私人成本，帕累托最优效率标准的边界条件并没有得到实现。

在竞争性市场上，导致无效率的根本问题在于价格并不总是完全反映产出的边际社会收益或边际社会成本。某些商品由于其性质特点无法包装并在市场上自由交换，其价格通常无法反映其边际社会收益或边际社会成本。例如，空气和水等环境资源经常用于排放废弃物，但并未对上述资源用于其他用途时的收益予以充分考虑。这意味着使用环境生产要素生产商品但并不为使用上述资源而付钱。这导致了产出的边际私人成本小于边际社会成本。

第二节　生产排放的外部性使企业生产成本失真

一、外部性及其产生

（一）对外部性的认识

外部性是无法在价格中得以反映的市场交易成本或收益。当外部性出现时，买卖双方之外的第三方将受到这一产品的生产和消费的影响。无论这一产品的买者还是卖者（这一产品的生产和使用导致了外部性）都不会考虑第三方（指某一家庭或某一企业）的收益或成本。

对"外部性"概念，人们有不同的界定。有一种定义认为，当一个行为主体的行为不足以通过市场价格机制而影响到另一个行为主体的环境时，即存在"外部性"；另一种定义强调，如果个人的效用函数（或企业的成本函数、生产函数）不仅依赖于那些受他（它）支配的因素，同时也依赖于那些不受他（它）支配的因素，而且对那些不受他（它）支配的因素的依赖性又不是通过市场交易来实现的，那么则称存在"外部性"。新制度经济学主要是从成本、收益的角度来界定"外部性"的概念。在新古典经济学中，假定一个人会完全承担其经济行为的成本和收益，但现实情况并非完全如此，一个人的行为所引起的成本或收益可能不完全由他自己承担，同时他也可能在不行动时，承担他人行动所引起的成本或收益。基于这种事实，在新制度经济学中，把"外部性"理解为：个人行为所引起的个人成本不等于社会成本，个人收益不等于社会收益。总之，外部性是指实际经济活动中，生产者或消费者的活动对其他消费者或生产者产生的超越活动本体利益范围的影响。这种影响有好的作用，也有坏的作用。好的作用称为外部经济性或正外部性，坏的作用称为外部不经济性或负外部性。

当涉及外部性时，市场价格并不能准确地反映交易产品的所有社会收益或边际社会成本。负外部性也被称为外部成本，是指没有反映某一产品的市场价格中由买卖双方之外的第三方所承担的成本。由于工业污染而对个人及其财产造成损害是负外部性的一个例子，污染的害处体现在它对健康的损害，而且，它还减少了企业和个人财产与资源的价值；负外部性的另一个例子是机场附近的居民对低空飞行的飞机所产生的噪声不满。那些承受污染损害的人是产品或服务的买卖双方之外的第三方。当有外部性存在时，产品和服务的买卖双方是不会考虑第三方的利益的。正外部性是指没有反映在价格中的除买卖双方之外的第三方所获得的收益。当产品销售导致正外部性时，这些产品的买卖双方并不考虑每一单位的产出给其他人带来的收益。例如，防火就有可能存在正外部性。烟雾报警器和防火材料的购买有可能使买卖双方之外的其他人受益，因为这些材料减少了火势蔓延的风险。这些产品的买卖双方并没有考虑到这些保护措施降低了第三方的财产遭受损失的概率。如果有可能对第三方的外部收益收费，那么投入到防火中的资源就会减少。

当市场交换的效应包含在价格之中时，这些效应并不构成第三方的外部性。例如，如果一个人爱好摄影，那么，其他人对摄影器材的需求上升会使此人的境况变坏，因为这使得器材价格上升。然而，上升后的器材价格仅仅反映了这类产品相对于需求更为稀缺。这一较高的价格使收入从买者转移到卖者，提高了卖者生产这些产品的动机，同时现有的生产通过较高的价格实现了定量配给。一些经济学家称此为货币外部性，即由于对某一产品的供给或需求的变化而导致的产品价格上升。货币外部性仅仅会引起买者或卖者实际收入的变化。实际外部性是不能价格化的成本或收益，它是市场交换在价格之外的效应。

为什么外部性会导致市场体系产生资源配置问题？不受管制的竞争市场使价格等于边际成本以及卖者和买者的边际收益。当外部性存在时，作为市场参与者决策基础的边际成本或边际收益将会偏离实际的边际社会成本或收益。例如，当负外部性存在时，生产商品用于销售的企业既不为这一产品的生产或销售对环境造成的损害进行支付，也不会考虑这些损害。类似地，当正外部性存在时，市场上某一产品的卖者和买者并不考虑这一产品的生产或消费为第三方带来的收益。

（二）负外部性的产生

当负外部性存在时，商品或服务的价格并不反映生产这一商品或服务所需资源的全部边际社会成本。例如，假定在纸的生产中，每一单位的产出都会导致除卖者或买者之外的第三方付出成本。这一商品的卖者和买者均不考虑第三方所承担的成本。边际外部成本（MEC）是指由于每单位的某一商品或服务的生产所导致的第三方的额外成本。边际外部成本是生产某一商品的边际社会成本的一部分。然而，它并不反映在此商品的价格中。

由于排放到河流和小溪中的污染物所造成的损害，纸张的生产有可能会造成负外部性。污染物减少了其他河流、湖泊和小溪的使用者从中所获的收益。例如，由于纸张生产造成的工业污染使得商业捕鱼人的捕鱼量下降。它也减少了湖泊和河流的娱乐人从游泳、泛舟以及其他活动中所获的收益。

假定造纸业是完全竞争的，这意味着市场力量是无处不在的，而且任何卖者或买者都不能影响价格。在竞争市场上的市场价格和数量对应于图 4-2 中的点 A。纸的现价为每吨 100 元，在此价格上造纸业的生产量为每年 500 万吨。需求曲线 D 以纸的边际社会收益为基础。供给曲线以实际的附加单位的纸的边际成本为基础，如随着企业生产更多的纸张而引起的额外工资和边际成本。但是对生产者而言，边际成本曲线并不包括生产额外单位的纸张所引起的全部成本。假定每生产一吨纸，边际外部成本为 10 元。实际上，边际外部成本随产出而上升。这是因为随着产出增加，每吨纸产生的排放物增加；或者是由于当每年的排放量增多时，每吨产出中固定数目的排放物所造成的损害增大。当生产的边际外部成本随产出上升时，与较低的产出水平相比，在较高的产出水平上每吨纸所造成的污染损害是一个更为严重的社会问题。为简便起见，在此例中，我们假定与每吨纸相联系的边际外部成本是一个常数。

生产者在选择产出时并不考虑每吨 10 元的边际外部成本。但是外部成本与工资和边际成本一样在生产纸张的机会成本中占了相等

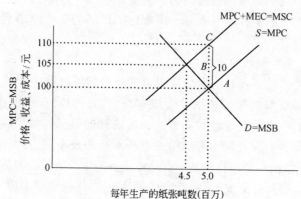

图 4-2   外部性示意图

每年 500 万吨的市场均衡产出是无效率的，因为在这一产出水平上边际社会成本＞边际社会收益。有效率的产出对应于点 B，在这一点上的年产出为 450 万吨。为了达到有效率的产出，纸的价格将上升到每吨 105 元。这将使纸的边际社会成本从每吨 110 元降到每吨 105 元，并且形成大小等于面积 BCA 的净收益

的份额。如果溪流没有其他用途，那么向溪流中倾倒废物就不会引起任何问题，使其他人对溪流的使用受到损害。在这种情况下，负外部性来自向溪流中倾倒工业废物降低了其他使用者对溪流的使用。

生产者据以作出决策的边际成本是生产纸张的边际私人成本（MPC）。为了得到边际社会成本，产出的边际外部成本（MEC）必须加上边际私人成本（MPC）：

$$MPC + MEC = MSC$$

当负外部性存在时，某产品的边际私人成本小于它的边际社会成本。为了得到图 4-2 中的纸的边际社会成本，对每一单位的可能产出而言，边际外部成本曲线高于边际私人成本曲线。图 4-2 中边际私人成本曲线与边际社会成本曲线之间的距离就是 10 元，与年产出无关。相反的，如果边际外部成本随年产出增加，边际社会成本曲线与边际私人成本曲线之间的距离将随年产出增加而增大。

效率要求在做出生产决策时要考虑全部的边际社会成本。如图 4-2 所示，有效率的均衡应位于 B 点而不是 A 点。在点 B，如下条件得到满足：

$$MSC = MPC + MEC = MSB$$

产品的边际社会成本（包括边际外部成本）必须等于它的边际社会收益，这样才能实现效率。

每年 500 万吨纸的市场均衡产出是无效率的，因为在 C 点，边际社会成本等于每吨 110 元，而在 A 点，边际社会收益仅仅等于每吨 100 元。由于生产纸张的边际社会成本超过了它的边际社会收益，相对于有效率的数量而言，竞争市场上销售的纸张数量过多。社会净收益等于三角形面积 BCA，将年产出从 500 万吨减少到 450 万吨可以得到这一净收益。纸的价格将上升到每吨 105 元，使消费者将每年的消费量从 500 万吨减少到 450 万吨。当负外部性存在时，相对于有效率的数量，竞争市场上生产和销售的纸的数量过多。

二、生产排放的外部性认识

根据上述外部性特征，生产排放带来的外部效应属于一种负的外部不经济性。因为产生污染的主体在其生产和消费活动中没有支付造成污染的成本。如一些化工企业，在生产中会产生有害废气，但企业为了节约成本，在没有管制的情况下，将其污染物排入大气环境中，结果污染了空气，给居民的健康造成了危害，引起各种疾病，使居民的消费支出增加，福利受损，但这些企业并没有向受害居民支付补偿。而这种企业成本的节约是以造成社会危害为代价的，社会要为此支付外部成本。污染性的生产或污染性产品都会产生这种负的外部不经济性。对此，可用图4-3做进一步分析。

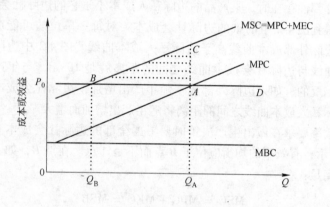

图4-3   环境污染带来的外部效应分析

在图4-3中，P_0是市场均衡价格；MEC是外部边际成本，是指未在市场价格信号中得以反映的一部分社会边际成本，也就是超越企业边际成本之外增加每单位污染量所造成社会危害的货币化数值，并且假定MEC不变，即边际外部成本不随产量大小而变化；MPC表示企业边际成本；MSC表示社会边际成本。MSC由两部分组成，一部分为企业边际成本MPC，另一部分为MEC。如果没有外部效应影响，即企业在生产中或生产的产品不对环境和健康造成危害，企业的供给曲线（企业的边际成本线）MPC反映的就是社会边际成本，这时，MPC与需求曲线D相交时对应的产量点Q_A，便是企业获得最大利润的产出量（因为在这点满足了经济学上的MR = MC定理）。当企业在生产中或生产的产品给社会公众造成健康损害产生负的外部效应时，则企业的供给曲线仅反映企业边际成本MPC，而不反映社会边际成本 MSC。因为污染性生产或污染性产品的成本除了企业正在生产过程中消耗的原材料、劳动力、水电气等在生产要素的市场价格中得以反映的生产要素投入外，还有造成污染的外部成本 MEC，企业在进行成本核算时，并没有把 MEC 考虑进去，但社会公众由于污染而受到健康损害则需要增加费用支出，如医疗费增加、工资减少等。因此，社会边际成本曲线 MSC 在企业有负的外部效应时，就会位于企业边际成本曲线 MPC 之上，并且与需求曲线 D 相交时对应的产出量为 Q_B 而不是 Q_A。由此可见，对整个社会来说，产出量为 Q_A 时给社会带来的外部费用是三角形面积 ABC。也就是说，企业是以私人边际成本而不是以社会边际成本进行经济决策，因此会导致企业成本和社会成本之间不一致的外部不经济性问题，即企业成本小于社会成本。可持续发展是指随着时间的推移，人类福利连续不断地增加或保持。在上述这种情况下的生产，是一部分人福利增加的同时，另一部分人的福利减少，不能实现社会福利的最大化。

与此同时，对环境的保护和维护活动却存在着正外部性。环境建设是指针对人类对生态系统的过度使用这一状况所采取的有利于生态平衡的行为，或者是在已经遭受破坏的生态系统的基础上重新建设一个新的人工生态系统，如退耕还林、退耕还草、湖区禁渔、海域休渔等政策手段都属于生态建设行为。环境保护是指采取各种政策措施，防止环境污染和环境破坏，扩大有用自然资源的再生产，保障人类社会的发展，如环境保护法规的制定与执行、环境科学技术的研究与开发、环境管理队伍的建设与提高、环境保护工程的建设与养护等。生态建设和环境保护是一种为社会提供集体利益的公共物品和劳务，它往往被集体加以消费。这种物品一旦被生产出来，没有任何一个人可以被排除在享受它带来的利益之外。因此，它是正外部效应很强的公共物品。在进行生态建设和环境保护这一公益事业时，如果要求每个人自愿支付费用，有些人也许会为此支出付费，而更多的人也许不愿意，但后一部分人仍然可以同样从生态建设和环境保护中得到好处。这样，就产生了"搭便车"（free rider）问题，即经济主体不愿主动为公共物品付费，总想让别人来生产公共物品，而自己免费享用。这种问题的存在，使得纯粹个人主义机制不能实现社会资源的帕累托最优配置，使环境保护这种公共物品的生产严重不足。

环境生产要素参与了社会生产，但是它的恢复成本却没有体现在企业的生产成本中。正外部性和负外部性同时存在，生产活动中存在着少许社会成本的问题，环境维护活动存在着搭便车现象。

第三节　生产排放是生产要素的消耗与转化

生产活动其实是一个从自然环境中获取资源与能源，经过物理性、化学性、生物性加工，改变这些物质内在的和外在的结构、形状、性能，使之发挥人类期望的功能的过程。在这些加工过程中，一些物质被转化为商品，另一些物质被作为废弃物排放回自然环境中。但是，返回自然环境的物质在地点上、形态上、结构上、性质上、稳定性上、能量上等多个方面，都与原来存在着差异，导致自然环境出现与原来不同的性质与面貌。一切能纳入生产过程，转化为商品的物质都属于生产要素的范畴，所以，生产排放就是生产要素的消耗与转化的过程（见图4-4）。

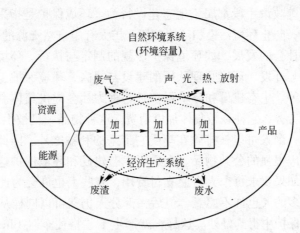

图 4-4　生产排放就是生产要素的消耗、转化过程

以制药厂生产过程为例，制药厂购进各种原材料，利用电力、煤炭、石油等能源，并借助相应的添加剂、催化剂进行药品生产。在磺胺嘧啶的生产中，企业需要先行购进丙炔醇、二乙胺、甲醇、二氧化锰等化学原料，进行多次反应。这些原料是已经经过初步加工的物质，前身也来自自然环境。如图4-5所示。

假定磺胺嘧啶每年产量要达到100吨，所需要的主要原料包括：丙炔醇23吨；二乙胺30吨；磺胺脒86吨；甲醇钠22吨；氢氧化钙30吨；冰乙酸188吨；浓盐酸120吨。以上原料在反映加工过程中，至少产生酸性废水约3015吨，其中5%盐酸约1500吨，10%~11%醋酸约1500吨，硫酸约15吨；含4%氢氧根离子的碱性废水约400吨。二乙胺废气约几百公斤。废渣约10吨，全部焚烧情况下残渣主要为氧化钙。这些排放数据是理论数据，是原材料全部消耗正常反应情况下，不考虑浪费、损失等问题，企业所排放的废弃物总量。现实生产中，由于设备的精度、某些误差和其他一些问题，最终的排放情况多数会比这个数据要大一些。

该企业消耗生产要素，把生产要素转化为药品和排放物过程如图4-5所示。

以丙炔醇和磺胺脒为原料制备磺胺嘧啶的生产工艺流程见图4-5。以分子式来描述该生产过程，主要包括以下三个阶段的化学反应。

第一阶段，胺氧化反应，生成β-二乙胺基丙烯醛。

$$CH\equiv C-\overset{H_2}{C}-OH + (C_2H_5)_2NH \xrightarrow{O_2/MnO_2/CH_3OH} \underset{C_2H_5}{\overset{C_2H_5}{N}}-CH=CH-CHO$$

β-二乙胺基丙烯醛

第二阶段，缩合反应。β-二乙胺基丙烯酸与磺胺脒缩合生成磺胺嘧啶粗品，以及磺胺嘧啶。

磺胺脒

β-二乙胺基丙烯酸／CH_3ONa

磺胺嘧啶粗品

$\xrightarrow{HCl}$

磺胺嘧啶

第三阶段，精制。磺胺嘧啶进一步反应，产生钙盐和磺胺嘧啶。

磺胺嘧啶

$\xrightarrow{Ca(OH)_2}$

钙盐

$\xrightarrow{CH_3COOH}$

磺胺嘧啶

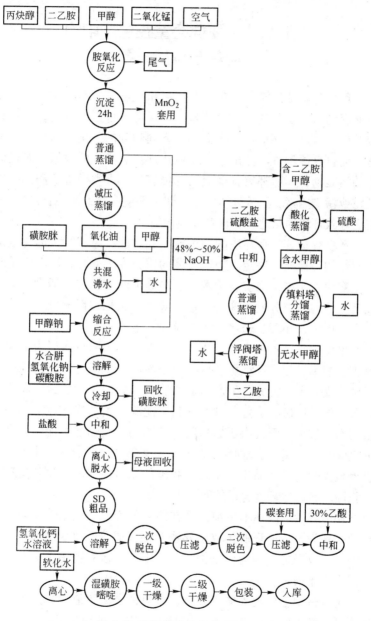

图 4-5　磺胺嘧啶的生产过程图

第四节 环境容量在生产中的
消耗与排放关系

环境容量是自然环境在人类生存和环境自身不致受害的前提下可能容纳污染物质的最大负荷量。在环境容量限度以内,污染物质或污染因素进入环境后,将引起一系列物理的、化学的和生物的变化,而自身逐步被清除出去,环境达到自然净化的效果。对任何特定的污染物,环境都有其确定的环境容量。人类经济活动产生的污染物或污染因素,进入环境的量,超过环境容量或环境自净能力时,就会导致环境质量恶化,出现环境污染。

环境容量其实是环境的一种能力和功能,由其特定的构成成分及其结构、性能所决定。特定环境的成分发生变化,环境容量也会发生变化。比如,采矿、伐木、取水等生产的源头性活动,会使当地环境的构成成分发生变化,进而导致其结构、性能发生变化,最后出现塌陷、井喷、透水、水土流失、生物物种减少、荒漠化等等自然事件,并显示出生物、化学、物理等方面的自净能力衰减,环境容量缩小,形成环境敏感区、生态脆弱区,稍有废弃物排放就显示出污染后果。由此,生产活动在获取基础的土地要素,即从划定厂区、建设厂房、购置各种原材料、能源开始,就开始了对环境容量的影响过程,而且由于原材料和能源的长途输送可能性,其影响的范围往往超越了企业所在地域,波及全国乃至全球。比如,作为世界最大的初级产品出口基地,我国的原料性产品出口就呈现出破坏我国原料产地环境容量的问题。

环境容量的破坏不单纯体现在能源与资源的被掘取层面,更突出地表现为生产过程所排放废弃物对环境成分的改变层面。生产排放物之所以经常被称为污染物,就是因为它多数情况下会对环境容量产生严重损害。

生产过程会出现固体废弃物,习惯称之为废渣。目前人类生产还不可能做到对生产投入物料100%的利用,即便是组装性生产也会出现部件的损坏、再加工和漏失等问题,而多数生产都存在能源和物料只能部分利用，或只有部分能利用的问题，从而出现大量剩余废渣。其中尤以冶金、建材、电力、机械、化工等行业为典型。固体废弃物一般有采矿废石、选矿尾矿、燃料废渣、化工生产及冶炼废渣、生产后的边角废料等固体废物原料。有些废渣还含有氟、汞、砷、铬、铅、氰等及其化合物和酚、放射性物质，属于有毒固体废弃物，污染非常严重。废渣占用土地，影响当地生态，污染土壤，河流和空气，对环境容量有明显影响。

　　生产过程也会出现液态废弃物，即废水。废水是工业生产过程中产生的废水、废液和污水，其中含有随水流失的工业生产用料、中间产物、副产品以及生产过程中产生的污染物。生产对水资源的用量非常大，在取水和废水排放两个环节对环境容量的影响都非常大。按所含主要污染物的化学性质不同，液态废弃物可分为含无机污染物为主的无机废水、含有机污染物为主的有机废水、兼含有机物和无机物的混合废水、重金属废水、含放射性物质的废水和仅受热污染的冷却水。例如电镀废水和矿物加工过程的废水是无机废水，食品或石油加工过程的废水是有机废水。按工业企业的产品和加工对象可分为造纸废水、纺织废水、制革废水、农药废水、冶金废水、炼油废水等。按废水中所含污染物的主要成分可分为酸性废水、碱性废水、含酚废水、含铬废水、含有机磷废水和放射性废水等。废水可能造成有机需氧物质污染、化学毒物污染、无机固体悬浮物污染、重金属污染、酸污染、碱污染、植物营养物质污染、热污染、病原体污染等。许多污染物有颜色、臭味或易生泡沫，因此工业生产的废水常呈现使人厌恶的外观。工业废水的水质和水量因生产工艺和生产方式的不同而差别很大。如电力、矿山等部门的废水主要含无机污染物，而造纸和食品等工业部门的废水，有机物含量很高，BOD_5（五日生化需氧量）常超过 2000 毫克/升，有的达 30000 毫克/升。即使同一生产工序，生产过程中水质也会有很大变化，如氧气顶吹转炉炼钢，同一炉钢的不同冶炼阶段，废水的 pH 值可在 4～13 之间，悬浮物可在 250～25000 毫克/升之间变化。工业废水除间接冷却水外，都含有多种同原材料有关的物质，而且在废水中的存在形态往往各不相同，如氟在玻璃工业废水和电镀废水中一般呈氟化氢（HF）或氟离子（F⁻）形态，而在磷肥厂废水中是以四氟化硅（SiF₄）的形态存在；镍在废水中可呈离子态或络合态。这种特点使其对环境容量的影响非常大且难以治理。工业废水的水量取决于用水情况。冶金、造纸、石油化工、电力等工业用水量大，废水量也大，如有的炼钢厂炼 1 吨钢出废水 200～250 吨。

生产过程还会释放出气态废弃物，称为工业废气，一般是燃料燃烧和生产工艺过程中产生的各种含有污染物气体的总称。废气中含有污染物种类很多，其物理和化学性质非常复杂，一般含有二氧化碳、二硫化碳、硫化氢、氟化物、氮氧化物、氯、氯化氢、一氧化碳、硫酸（雾）、铅、汞、铍化物、烟尘及生产性粉尘等有毒有害物质，化工、钢铁、制药，以及炼焦和炼油等生产活动排放废气的情况较为明显。废气排入大气，会使大气环境的组分发生变化，性能随之变化，在影响大气环境容量的同时，直接形成多种危害。废气会减少到达地面的太阳辐射量，增加大气降水量，形成酸雨，增高大气温度，影响天气和气候，还会直接危害人体和动植物。

生产过程中也必然会产生声、光、热等。以热为例，目前我国工业环节对石油煤炭等能源所产生热的利用率还比较低，多数还难以达到 60%，大量热量散失到自然环境中。自然界原本的声、光、热是有一定限度的，当某地域的声、光、热排放超过一定限度，就会出现环境无法吸纳、消散的后果，出现噪声污染、光污染和热污染。人体对声、光、热的承受与原有的自然环境相匹配，环境中被排放的声、光、热超过了环境容量，人体就会感觉不适，甚至出现器官损伤。

在生产中，环境容量受到了破坏，按照环境生产要素理论，环境容量的破坏实质上就是生产对环境容量要素的消耗。生产要素的消耗在生产过程中发生，环境容量生产要素也不例外。环境容量生产要素的消耗过程实质上就是企业向外界环境排放废弃物的过程。从企业对原材料去粗取精、加工提炼的过程而言，是抛弃没有价值的、无法利用的、相伴产生的废弃物质；从生产活动把材料和原料逐渐分成商品和废弃物，而废弃物必须消耗占用相当的环境容量，否则生产无法持续的角度来看，获取一定数量的环境容量消耗和占用资格就非常重要。环境生产要素就是强调生产对这种环境容量消耗和占用需要先行获得资格，并支付一定报酬，用以支撑专业的环境容量，致力于恢复工作。

第五章

基于环境生产要素理论的
节能减排市场制度探讨

　　环境生产要素理论的核心就是环境生产要素的市场化交易。把环境作为生产要素以后，把它像其他要素一样推向市场，借助市场的成本压力使企业主动进行节能减排，理顺企业节能减排的制度机制。环境生产要素市场的建设情况直接关系到企业节能减排市场导向。

第一节　环境生产要素的市场供求分析

一、环境生产要素的市场供给

（一）环境生产要素的政府租赁供给性探讨

　　市场经济是交换经济，交换的前提是健全的产权制度。当代市场经济通行的产权规则要求产权是明晰的、可以自主转让的，而且必须得到有力的保护。如果产权制度不健全，必将导致对生产要素占有、使用、处分和管理的混乱。环境生产要素是自然的产物，是全人类和其他一切生物生存和发展的基本资源，具有强公共性和重大社会影响性，理应属于全社会公有，在当代社会条件下，国家所有具有明显的合理性。当今世界几乎没有哪一个国家不把环境生产要素作为国家资源来对待。对于公共性非常明显的环境，萨克斯认为：第一，由于像大气及水这种一定的利益对全体市民来说是至关重要的，所以将其视为私有权的对象是不明智的。第二，与其说大气及水是每个企业的私有财产，不如说更多的是大自然的恩惠，因此，不论个人的经济地位如何，所有市民都应能够对其进行自由的使用。第三，不能为了私人利益而将公共财产由可以广泛地普遍使用的状态重新分配为受限制的东西，而增进一般的公共利益是政府工作的主要目的。

　　但是，政府在总量控制原则下，把环境生产要素配售给厂商时，却出现了产权问题的困扰。

　　第一，把环境生产要素视为所有权所遇到的问题。如果厂商从政府手中购得的是环境生产要素的所有权，则必然会导致两个后果，其一，政府对排污权的调整会造成干预和剥夺厂商私人财产的问题。

在环境生产要素管理中，政府经常需要根据经济发展需要、民众意见向背和环境状况变化等对排污权总量做出调整，而且基于历史负债原因，这种数量调整经常是压缩性的。对环境生产要素规定期限也是必要的做法。这些与所有权具有绝对性和不可侵犯性的法律规定是矛盾的。其二，政府会因售尽而丧失环境生产要素，至少是大部分丧失。环境生产要素一旦脱离政府控制，被私人垄断性拥有，其后果无论对生产还是生活都是可怕的。基于上述原因，美国在相关法律中回避了环境生产要素相关事项产权性质的问题。

第二，把环境生产要素作为使用权所存在的矛盾。在我国交易实践中，借鉴土地使用权出让的事实，南通天生港发电有限公司与南通醋酸纤维有限公司在交易合同中把排污许可证界定为使用权。这种认识避免了上述矛盾和问题，但是，却出现了另一个重要疏漏：依照通行法律理论，使用权人是无权处分使用对象的。这与我国农户不能将承包土地进行转让的道理一样。环境生产要素制度的生命与活力就在于其市场交易性，使用权与转让权的冲突对环境生产要素市场化管理的影响是巨大的。另外，我国的土地使用权制度本身就存在着众多争议，很不规范，不能将环境生产要素这种新兴事物也拖到这种混乱当中。

权属性质不明确必然导致环境生产要素管理的迷茫，厂商不清楚自己为什么要购置环境生产要素，可以怎样运用环境生产要素，环境生产要素应该受到什么样的保护；政府不清楚自己怎样管理环境生产要素，能在多大程度上调整环境生产要素，应该借助什么样的方式来调整。那怎样认识环境生产要素的产权关系呢？

可以把环境生产要素的产权和管理问题简化归集为四种基本情况（如图5-1所示）。第一种，产权关系模糊不清，不加以界定，也没有适当的管理。第二种，产权归国家所有，政府进行行政性和计划性管理，符合法理一般认识，但是缺乏效率，效果差。第三种，把产权分化到私人，借助市场机制自由调整环境生产要素，这种做法必然涉及代际公平、市场准入等一系列问题，同时也背离了环境生产要素的强公共性，即使在技术上能够实现，也必然导致社会矛盾和严重环境问题。以上三种情况已经在社会经济发展过程中"落选了"。

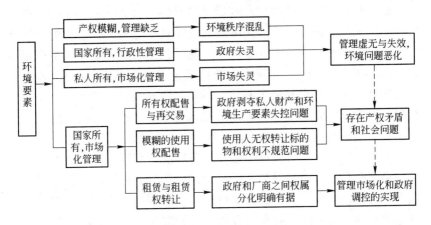

图 5-1 环境生产要素的产权和管理问题示意图

第四种情况，是与当代公共管理市场化进程相一致的国家所有，市场化管理模式。本书探讨的环境管理市场化进程中的产权问题就集中在这里，为了解决这种产权矛盾，又不影响环境生产要素管理市场化的实现，可以引入租赁理论。

租赁是权利人以收取租金为条件，在一定期限内将特定标的物让渡给承租人占有、使用并从中获取利益的法律制度。租赁关系不改变出租人的所有权人地位，承租人有权在租赁契约规定的范围内依法对租赁财产行使相关权利，出租人对承租人基于租赁财产的占有和使用活动有权进行监督。这符合国家向厂商配售排污权的相关活动。承租人在交足租金的情况下，可以将租赁权转让给其他厂商，并从受让方获得租金补偿，补偿额应由转让双方自由商定。租赁权转让应向出租人（政府）备案登记，以便于政府对新环境生产要素使用情况的监督检查。这可以很好地解决排污权二次转让中遇到的产权问题。租赁权具有期限性，可以灵活地满足政府管理环境生产要素的分期调控和数量调整需求，租赁权具有可转让性，可以满足二次交易的需要，租赁以契约为基础，符合新公共管理契约化的方向。具体而言，运用租赁制度解释环境生产要素交易制度具有以下优势。

第一，可以非常清晰地界定环境生产要素市场化管理过程中的产权归属问题。产权清晰不仅要求所有权明确，而且要求各利益相关方在所有权行使中的地位和权能清楚具体。租赁理论考虑到了排污权的期限性、付费性、可让渡性和所代表环境生产要素的可归还性（环境再生和自净能力使环境生产要素到期后国家的环境生产要素不发生实质性减少）等特点，把环境生产要素界定为国家所有，符合民众的基本认识和根本利益；同时把厂商购置、使用和转让排污权的行为界定为环境生产要素的租赁权，借助成熟的法律理论解释了较为抽象的新事物，并凸现了环境的资源性。

第二，可以维护国家对环境生产要素的所有权身份，从而为政府的年度和数量调整提供法律保障和理论依据。租赁是一种世界各国通行的两权分离形式，出租人可以依法保有以处分权和监控权为核心的实质所有权。政府通过设置租赁期限和到期重新核定数量出租的方式，可以实现对环境生产要素的合法有效管理。

第三，可以明确厂商对环境生产要素的权属内容，确保外部性内部化，规范环境生产要素的使用。租赁人只能在约定的期限、权限和范围内使用租赁标的物，并履行付费义务。把环境生产要素界定为租赁权，其权利内容的内涵和外延自然就清楚了，其付费性也无需再讨论，厂商传统生产过程中存在的环境负外部性也会因交纳租金而自然实现内部化。

第四，借助租赁和租赁权转让制度，可以为环境生产要素市场化管理和市场化配置提供法律保障。租赁制度是一个体系，除了出租人对承租人的出租关系外，还包括租赁权的转让等其他制度。租赁权转让是合同转让的一种形式，通过转让，承租人可以从原始租赁关系中全身而退，受让人取代租赁人直接对出租人负责。由于环境生产要素具有稀缺性，政府对排污权的出租也定时定量进行，所以，在市场上寻求排污权的转让者就成为新设厂商和扩充生产能力厂商的必然行为。市场配置环境生产要素的作用因此得以发挥。借助租赁制度来协调排污权交易可以弥补现实法律不足的漏洞，为制定专门法律留出足够的观察总结时间。

第五，借助租赁契约，可以实现政府对环境生产要素的新型管理。租赁关系归根结底是一种契约关系，契约是私权的表现，是市场机制的重要外在形式，契约化管理是当代新公共管理引入企业管理机制和发挥市场作用的一个重要方向。借助契约，政府可以在一般租赁关系的基础上设定与环境生产要素管理相适应的事项和内容，以更多地体现鼓励生产和维护环境安全相统一的环境生产要素管理目标，并尽可能地使行政事务民事化，市场化，消除传统公共管理中出现的一系列问题。

环境生产要素的租赁和租赁权转让实现了环境生产要素的市场化配置，政府作为出租人借助期限性租赁契约调整环境生产要素的使用情况，并以所有权人和民众代表的双重身份对承租人的使用情况进行监控管理。为了行文的方便，文章中涉及政府对排污权配售和行使产权的相关论述，都是以国家所有、政府代理、出售的一定期限租赁权为内涵的。

（二）环境生产要素的供给曲线

环境容量作为一种生产要素主要是指环境容量的供给、需求和价格，环境容量的服务价格被称为"环境要素价格"。环境容量的自然供给，即自然赋予的环境容量在一定时期内可以认为是不变的：它不会随着环境要素价格的变化而变化。现在要考虑环境要素的市场供给情况：它是否也与环境要素的价格没有关系呢？

为了回答这个问题，下面仍然从分析单个环境要素所有者的行为开始。假定环境要素所有者是消费者，从而其行为目的是效用最大化。它所用的环境要素数量在一定时期内也是既定的和有限的。和其他传统生产要素，如土地、劳动者、资本一样，环境要素所有者现在要解决的问题是：如何将既定数量的环境要素资源在保留自用和供给市场这两种用途上进行分配以获得最大的效用。

与土地供给的情况类似，提供环境要素本身并不直接增加效用。环境要素所有者供给土地的目的是为了获得环境要素交易收入，而排污费可以用于各种消费目的，从而增加效用。因此，环境要素所有者实际上是在环境要素供给所可能带来的收入与自留环境要素之间进行选择。于是环境要素所有者的效用函数可以写成：

$$U = U(Y,q)$$

式中，Y 和 q 分别为环境要素交易收入和自留环境要素数量。

　　现在的问题是，自留环境要素是如何增加环境要素所有者的效用的呢？显然，如果不用来供给市场的话，则环境要素可以用来建造生态区或者水土保持等等。环境要素的这些消费性使用当然增加了环境要素所有者的效用。就像劳动者闲暇的作用一样。不过一般来说，环境要素的消费性使用只能占据环境要素总量中很小的一部分。不像时间的消费性使用占全部时间的一个较大的部分。如果假定不考虑环境要素消费性使用这个微小的部分，即不考虑环境要素所有者自留环境要素的效用，则自留环境要素的边际效用等于 0，从而效用函数简化为：

$$U = U(Y)$$

　　换句话说，效用只取决于环境要素的交易收入，而与自留环境要素数量大小无关。在这种情况下，为了获得最大效用就必须使环境要素的交易收入达到最大（因为效用总是收入的递增函数），而为了使环境要素交易收入最大又要求尽可能多的供给环境要素（假定环境要素价格总是正的）。由于环境要素所有者拥有的环境要素为既定的，例如为 $\overline{Q}$，故它将供给量 $\overline{Q}$ 的环境要素——无论环境要素的价格是多少。因此，环境要素的供给曲线是在 $\overline{Q}$ 位置上的垂直之间，如图 5-2 所示。

　　同样的结论也可以通过无差异曲线分析方法得到，如图 5-3 所

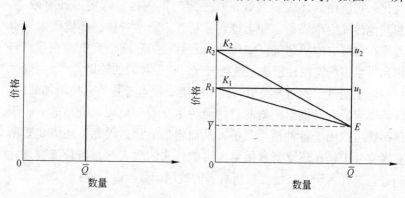

图 5-2　仅生产用途下环境生产　　图 5-3　环境生产要素的无差异曲线
　　　　要素的供给曲线

示。图中横轴表示自留环境要素数量，纵轴表示环境要素收入。环境要素所有者的初始状态 E 表明，它的非环境要素收入为 $\bar{Y}$，拥有的全部环境要素数量为 $\bar{Q}$。两条预算线 EK_1 和 EK_2 分别对应于环境要素价格为 R_1 和 R_2 的两种情况，即 $K_1 = \bar{Q}R_1 + \bar{Y}$，$K_2 = \bar{Q}R_2 + \bar{Y}$。图中真正特殊的地方是其无差异曲线：它们均为水平直线，例如 u_1 和 u_2。无差异曲线为水平直线表示环境要素所有者的效用只取决于环境要素的交易收入，而与自留环境要素无关。例如在水平直线 u_1 上，每一点的收入均相等。故它们是无差异的，尽管它们的自留环境要素数量不同。同样，高位的无差异曲线表示较高的效用，即 $u_2 > u_1$，这是因为前者的收入大于后者。显然，无差异曲线簇的这种特殊形状就是环境要素没有自留用途假定的形象表示。

水平的无差异曲线簇表明：无论环境要素价格如何变化，最优的自留环境要素数量总为 0，从而环境要素供给量总为 $\bar{Q}$，即等于环境要素所有者拥有的全部环境要素资源。例如，设环境要素价格为 R_1，预算线为 EK_1，此时的最大效用组合或均衡点显然为 K_1，因为这是在预算约束 EK_1 的条件下所能达到的最大效用 u_1 的点。与 K_1 相对应，最优自留环境要素为 0，从而环境要素供给对应的最优资源仍然为 0，从而环境要素供给量仍然为 $\bar{Q}$。换句话说，环境要素供给量总是 $\bar{Q}$，与环境要素价格的高低无关，于是环境要素供给曲线是垂直的。

值得注意的是，这里之所以得到环境要素供给曲线垂直的结论，并不是因为自然赋予的环境生产要素的数量是固定不变的，而是因为假定了环境要素只有一种用途，即生产，而没有自用用途。如果环境要素只有生产性用途，则它对该用途的供给曲线当然是垂直的。

由此可见，环境生产要素数量本身的固定不变并不能说明环境生产要素供给曲线垂直。要使它垂直，必须假定环境生产要素没有自用用途，没有自用价值，或者说，假定环境生产要素在生产性使用上的机会成本为 0。这个假定显然并不完全符合实际，因为对于环境生产要素来说，它的所有者必须也必然有消费性用处。根据全球当前的污染状况以及社会的发展趋势，对环境保护的行动力度将逐年递增。因此，环境生产要素的供给量将会随着时间的推移逐年递减，留出足够的环境容量用来生态的自我恢复、建立自然生态保护区以及满足发展绿色经济的趋势，如图5-4所示。

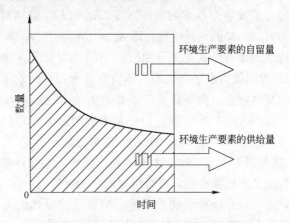

图 5-4   环境生产要素的供给逐年递减

综合环境生产要素的生产使用和自留使用，环境生产要素的供给呈现出一种"竖勺"状，如图5-5所示。这是因为，尽管长期看来，环境生产要素的可供给总量一定，但在一定时期内，价格的变动仍会对环境生产要素的供给产生影响，环境生产要素的供给量会随着价格的上升而上升，如图5-5中 AB 段所示。随着供给量的增加，环境生产

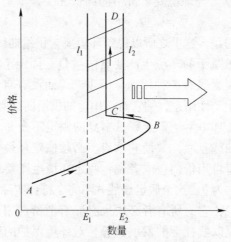

图 5-5   环境生产要素的供给曲线

要素的可供给总量减少，因此，尽管价格继续上升，但是环境生产要素的供给量却减少了，如图 5-5 中 BC 段所示。环境生产要素供给量由 A 到 B 再到 C 的变化，一方面是受环境生产要素可供给总量的影响，另一方面是政府宏观调控的结果。经过这一转折，厂商为实现效益最大化，必须降低环境成本，也会经历由高耗能低产出的粗放型经营向节能降耗的集约型经营转变。因此，到了图 5-5 中的 CD 段，即使价格仍会上升，但环境生产要素的供给量不会再发生变动。这段曲线所指向的供给量，不是一个固定的数值，而是一个相对稳定的区间 $[E_1, E_2]$，表示供给量在某一区间内呈稳定状态。

二、环境生产要素的市场需求

（一）环境生产要素需求的特点

环境生产要素的需求量是指在一定时期内，假定其他条件不变，在某一特定价格水平上，厂商愿意并且能够购买的数量。同传统生产要素的需求概念类似，环境生产要素的需求量也是指厂商愿意或者希望购买的数量，而不是实际购买的数量；它也是一种有效的需求，而不仅仅是消费者的主观愿望。环境生产要素的需求是产品市场需求的引致需求，受到产品市场需求的影响。

环境生产要素的需求数量是由多种因素共同决定的。其中主要的因素包括：该生产要素的价格、厂商的偏好、消费者的收入水平、消费者对未来的预期、相关生产要素的价格以及其他因素。在经济学中，习惯上把由环境生产要素自身价格变化引起的环境生产要素需求量的变化称为需求量的变动；而把除价格外的因素引起的环境生产要素需求数量的变化称为需求的变动。

（二）环境生产要素的需求函数和需求曲线

在以上的分析中，影响环境生产要素需求数量的各个因素是自变量，需求数量是因变量。环境生产要素的需求数量是所有影响它的因素的函数。用函数式表达如下：

$$Q_d = f(P, P_r, Y, E)$$

式中　Q_d——环境生产要素的需求数量；

f——函数关系；

P——环境生产要素的价格；

P_r——其他生产要素的价格；

Y——消费者的收入水平；

E——消费者对未来的预期。

但是，如果对影响环境生产要素需求量的所有要素同时进行分析，就会使问题变得复杂起来。为了更明确地达到目的，可以一次把注意力集中在一个影响因素上，而同时使其他的影响因素保持不变。由于价格是决定需求量的最基本的因素，所以假定其他因素保持不变，仅仅分析环境要素的价格对其需求量的影响，即把环境生产要素的需求量看成是它的价格的函数。用函数式表示为：

$$Q_d = f(P)$$

需求函数 $Q_d = f(P)$ 表示环境生产要素的需求量和价格之间存在一一对应的关系，这种函数关系可以用需求曲线来表示。

在图 5-6 中，横轴表示环境生产要素的数量，纵轴表示价格。环境生产要素的需求量随着价格的上升而减少。

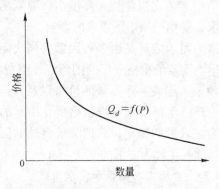

图 5-6 环境生产要素的需求曲线

三、环境生产要素的市场均衡

（一）完全竞争下的市场均衡

要素市场的供求是各厂商个别供求的水平之和。但是个别供求的加总比较复杂，因为全体厂商同时增加或减少产量，则产品的价格会发生变动，因而影响到厂商对要素的供求。要素市场的均衡与产品市场的均衡一样，需求曲线与供给曲线相交，即可决定均衡数量与均衡价格。所不同的是，产品的需求取决于边际效用，要素的需求取决于边际生产收入。

图 5-7a 是产品市场和要素市场均为完全竞争时，厂商对一种变动要素的需求曲线。如果变动要素的市场价格为 p_1，该厂商使用 e_1 个单位，全体厂商使用量之和为 E_1，即形成图 5-7b 中市场需求曲线上的点 G_1。

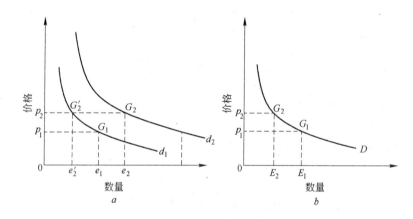

图 5-7 完全竞争下要素的市场需求

a—厂商需求；b—市场需求

假如变动要素的价格从 p_1 升到 p_2，而其他条件不变，该厂商本应沿着需求曲线 d_1 使用 e_2 个单位，但是，由于其他条件不可能不变，当全体厂商由于要素价格上升而同时减少产量时，产品的市场价格必然上升，厂商对变动要素的需求曲线也必然上升，如从 d_1 移动到 d_2。这说明，当变动要素价格上升到 p_2 时，厂商将使用 e'_2 个单位，而不是 e_2 个单位。这样，把全体厂商的 e'_2 相加，有可以求得图 5-7b 市场需求曲线上的点 G_2。因此，只要变动投入要素的价格，就可以求得任何数目的点 G_n，连接这些点，就可以求得市场需求曲线 D。

变动要素的市场供给曲线，与变动要素的个别供给曲线不同。如图 5-8 所示，在完全竞争条件下，由于价格既定，厂商面对的供给曲线是一条水平线，见图 5-8b，而整个市场的供给曲线为全体要素所有者供给曲线之和，一般自左下方斜向右上方，具有正的斜率，见图 5-8a。这不仅是由于要素价格越高，供给越多，而且较高的要素价格能够将其他产业的要素吸引到这个产业来，大大增加要素的供给。

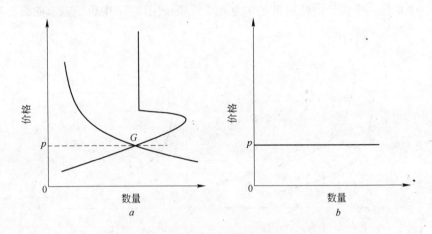

图 5-8　完全竞争下要素的市场均衡
a—市场供给曲线及市场均衡；b—个别供给曲线

有了市场需求曲线和市场供给曲线，就可以得到完全竞争条件下的环境要素均衡价格，见图 5-8a 中的 G 点。其均衡条件是

$$VMP = MRP = MFC = AFC$$

（二）不完全竞争下的市场均衡

以上对环境要素的分析，都是以完全竞争为前提的。实际上，环境要素市场的竞争往往是不完全的，尤其是在我国生产资料公有制的经济基础条件下，环境要素作为一种强公共性的资源，更多地出现在完全垄断市场中。

环境要素不同于劳动或资本，它的产权属于国家，因此环境要素市场是一个完全垄断市场。在这种环境下，环境要素的价格变动如下：

首先，随着进入市场的厂商不断增加，对环境要素的需求也会不断增加。如图 5-9 所示，当环境要素的需求曲线从 D_1 提高到 D_2 时，环境要素的价格也从 p_1 升到 p_2，环境要素的使用量从 E_1 增加到 E_2。

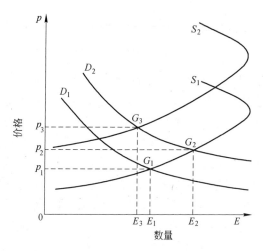

图 5-9　完全垄断要素市场中的市场均衡

其次，通过环保组织宣传、政府减少环境要素的供给，特别是对一些原始环境保持较好的地区，限制其环境要素的配给量。如图 5-9 所示，当环境要素的供给从 S_1 减到 S_2 时，对环境要素的使用量从 E_2 减到 E_3，环境要素的价格也从 p_2 上升到 p_3。

如图 5-9 所示，在现实情况中，环境要素的价格是逐渐上升的，而处于环境要素价格均衡时的环境要素的使用量呈下降趋势。这既符合总量控制原则，也暗含了可持续发展的本质要求。当然这一价格并不是无限上升，在实际操作中，环境要素的价格应略高于企业治理污染所耗用的平均边际成本。

以上分析是在简化的条件下对环境生产要素的市场供求及其价格决定所做的模型分析，环境生产要素在实际市场上的供应因市场的层级不同必然会有差异，尤其在初级市场上，环境生产要素受到许多非经济性、非市场性因素的影响，需要综合所有需要具体确定。

第二节　节能减排导向的环境生产要素市场建设思路

一、总量控制制度是环境生产要素制度和节能减排的基础

总量控制是我国已经开始执行的一项制度，它可以与环境生产要素化环境管理完全对接。总量控制就是根据区域环境目标（环境质量目标或排放目标）的要求，预先测算出达到该环境目标所允许的污染物最大排放量（环境生产要素消耗量，下同），然后通过优化计算，将允许消耗的环境生产要素量指标分配到各个污染源，指标的分配应当根据区域中各个污染源不同的地理位置、技术水平和经济承受能力设定。总量控制的基本思想是将某一控制区域（例如行政区、流域、环境功能区等）作为一个完整的系统，通过采取措施将这一区域内的环境生产要素消耗总量控制在一定限度之内，以满足该区域的环境质量要求。因此，总量控制是一种控制一定时间、区域内厂商环境生产要素消耗总量的环境管理手段。

总量控制具有鲜明的特点和优势：在管理对象方面，只控制企业的环境生产要素消耗总量，而不规定每个污染源的环境生产要素消耗总量。从污染源角度看，总量控制隐含着对排放浓度的控制。例如，只有一个污染源的企业，它的总量指标等于它的排放浓度乘以排放量，由于生产时间是确定的，因此，排放浓度也是被控制的。在可执行性方面，总量控制指标一般以"吨/年"为单位，并且，总量控制指标只控制到法人单位（一般为企业）而不是具体排放口，增加可执行性，降低执行成本。同时，环境生产要素消耗者有了一定的履行排污消减责任的灵活性，提高了法规的遵守程度。另外，总量控制指标是可分的，如总量控制指标可以以1吨/年为单位，逐层划分。排污单位拥有的总量控制指标数就是单位总量控制指标。在污染源差异方面，不同污染源削减环境生产要素消耗的边际费用往往有相当大的差别。在浓度控制下，要求达到统一的排放限制，

这样将不能实现污染源治理投资的帕累托最优。总量控制以控制区域环境生产要素消耗总量为目标，企业拥有了环境生产要素消耗控制决策权，因此会积极选择成本较低的排污消减方案。由于把选择治理污染的行动范围放宽了，所以选择污染消减方案的机会大大增加。这样，企业就会以较低的成本履行污染治理责任，降低区域总量控制的费用。

环境生产要素是环境管理当局在专家帮助下考虑当地环境容量后对环境生产要素分割并分配的标准数量指标，可以作为总量控制制度的微观体现和具体实施手段。为了实施总量控制，政府需要进行环境容量初始分配，将允许消耗的环境生产要素总量以许可证的形式分割配售给污染源。实施总量控制可以有两种基本方式，第一种方式是通过强制手段，要求企业必须根据初始分配的环境生产要素安排生产，这时初始分配也就是最终配置，但是这种分配会导致环境生产要素使用的低效率，不是最优的资源配置方式。第二种方式是初始分配后允许企业交易环境生产要素，在确保环境质量目标的前提下，通过市场实现环境生产要素的重新配置。前一种方式是典型的命令控制手段，后一种则是基于市场的手段。

二、环境生产要素的两级市场结构

环境生产要素市场应当由初次配置和流通转让两个市场层级构成。初次配置是环境生产要素制度的起点、重点和关键，流通转让是环境生产要素制度的活力所在。

政府环境管理部门把环境生产要素使用许可证投放到社会上的过程就是初次配置，也称之为初次交易。初次交易发生在政府环境管理部门与各社会主体之间，即政府把"环境生产要素"出售给各社会主体。社会主体可以是工、农业生产单位，也可以是其他组织或个人。工、农业生产单位购买"环境生产要素"的初始动机是为了维持产品的生产，不得不消耗一定量的环境生产要素。其他组织或个人购买"环境生产要素"可以是为了环保或投机，如图5-10所示。

在初级市场，环境行政管理机构的环境生产要素管理局具体作

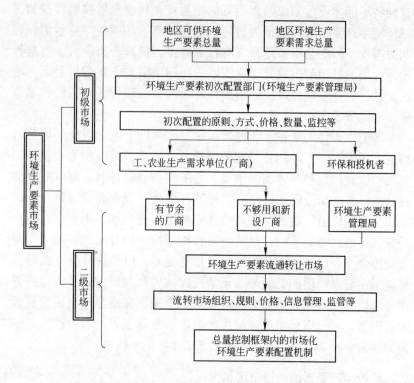

图 5-10   环境生产要素市场体系的两级市场结构示意图

为环境生产要素的产权代理人,对环境生产要素进行初始配售。根据区域可供环境生产要素及厂商提供的申请,进行宏观规划,经审查批准后将环境生产要素配售给各厂商。原则上说,应优先考虑符合国家和地区产业规划的产业和企业,对国家限制发展的企业或对环境生产要素消耗严重的企业要限制配售。这样,既实现了环境生产要素使用的公平性,又体现了环境、经济的互动性,从而有利于实现社会经济的可持续发展。

环境生产要素可以在厂商之间进行二次交易。有的企业生产规模扩大了,需要消耗更多的环境生产要素,而有的企业通过技术创新,环境生产要素有节余,只要两个企业之间的交易使双方都能获利,交易就会发生。政府与生产部门之间也会进行二次交易,随着环境质量要求的日益提高以及政府财力的不断增强，政府还可以回购一些环境生产要素，以进一步减少环境生产要素消耗。当然，就像一种普通商品的交易一样，其他经济主体也应该允许参与环境生产要素交易。二级市场集中体现市场供求关系，充分发挥价格机制的作用。厂商得到初始配售的环境生产要素后，可以根据各自的实际需求，在二级市场上进行环境生产要素转让交易，从而达到环境生产要素的最优配置。

通常情况下企业单位产量耗用环境生产要素的差别很大，单位节余环境生产要素的费用差异也很大，在环境生产要素可以有偿转让的条件下，厂商就愿意通过治理和设备更新，大幅度地减少环境生产要素消耗，通过卖出多余部分而受益。

三、环境生产要素市场的组织管理体系

目前，我国的环境管理仍然以行政手段为主，较少考虑用市场条件下的系统政策、制度和管理手段解决环境危机。从长远看，只有在加强行政调控的前提下借助市场的力量，发挥市场机制在环境生产要素调节方面的作用，才能有效地解决环境问题。可以考虑在对环境实施市场化管理为主的改革的同时，调整环境行政管理机构的内部部门设置和职责。建议在现有环境行政管理机构中设置环境生产要素管理局等机构，负责环境生产要素的市场建设、初始配售和流通转让。

环境生产要素管理局下设环境生产要素（环境质量）测定部、环境生产要素配售部、环境生产要素流转部和环境生产要素耗用监管部。

环境生产要素（环境质量）测定部负责从社会中优选专业的环境研究测定组织，组织地区环境质量本底值的测定、环境质量变化监测、环境生产要素可供应量确定，并负责组织环境补偿项目的效果验收。

环境生产要素配售部主要负责对环境生产要素进行初始配售，保证初始配售的规范性与合法性。环境生产要素配售部工作量非常大，重要的包括搜集地区的环境资料、法规办法，制定配售预案，

组织评审、公众听证等，可以分设环境生产要素信息管理办公室和初始配置办公室，两个科室可以根据工作量酌情设置临时性专业工作组。

环境生产要素流转部是厂商之间通过市场机制进行二次交易的引导、组织和监控部门。主要负责环境生产要素转让市场的运作，依法组织二次交易，为环境生产要素交易提供服务，维护交易双方的合法权益。转让部下设市场交易中心、交易信息管理办公室、环境生产要素交易监测办公室。市场交易中心负责审核交易主体的资格和交易条件，办理相关手续。交易信息办公室是发布供求信息和市场交易信息的平台，并对交易进行备案监控。交易监测调控办公室根据初次配售量和二次交易量对交易主体进行监测，发现问题及时处理，并代行政府回购或减持环境生产要素的职责，实现环境生产要素的供给调控和宏观经济调控目的。

环境生产要素耗用监管部负责对企业环境生产要素的耗用量进行跟踪监测，安装自动连续排放检测设备并定期和不定期进行检查，对照企业环境生产要素的使用量与存量，在环境生产要素不足时及时发出警告，在环境生产要素超用时进行紧急处置并通知环境执法部门。

四、交易所模式是环境生产要素交易市场的发展趋势

从环境市场化管理的总体趋势来看，独立的交易所模式必将成为环境生产要素交易的主导形式。交易所交易模式是市场经济体制经过200多年积淀、筛选而逐步形成的，具有市场机制作用突出、政府干预少，规范、有效、发达、开放等特征的市场组织体系。现在比较常见的交易所包括证券交易所、期货交易所、技术交易所等，尤以证券交易所为典型。

专业交易所大都因其交易对象的独特性和对社会经济的重要性而形成和设立。环境生产要素作为一种新型财产权利的代表，它不同于股票、债券等货币资产凭证，也不同于专利、商标、专有技术等知识产权，与企业商誉等无形资产也有不同。它具有无形性、地域性、期限性、变现性、依法使用性、社会公益性等独特特征。同

时，环境生产要素对应的环境价值总量或说环境生产要素购置总额是相当大的，而且可以像证券资产一样进行小额细分，增加它的购买方便性和可行性。环境生产要素特征独特，数量庞大，对企业和投资者具有重要经济意义、环境管理意义和社会意义重大，随着其应用面的逐步推开，排污权交易可以考虑设立专门、规范的交易所。

环境生产要素属于新创设的财产类型，具有虚拟性，不同于实物资产和证券资产，同时，环境生产要素以一定环境地域在一定期限的自净能力为基础创设，还具有明显的区域性和期限性。另外，环境生产要素具有明显的社会性和公益性，政府是排污权的产权代表人，所以，环境生产要素的交易所市场模式必须以政府的强力环境管理措施为基础。环境生产要素的完全市场化运作，需要以清楚明确的排污源排污数量监测及其与环境生产要素数量对照为基础。与其他产品混杂在一个交易所进行交易，不利于环境生产要素交易的实现和监控。

第三节　环境生产要素初级市场建设与运转

初级市场是环境生产要素市场体系建设的基础与核心，涉及环境生产要素总量的界定与数量指标配置、初次配置的方式、初始价格的制定等等诸多重要问题。环境生产要素初级市场的市场机制充分，流通市场建设就会比较顺畅，初级市场的政府干预性强，流通市场的运行就可能带有比较多的遗留问题，初级市场建立不起来，流通市场就不需要也不可能存在。

一、环境生产要素初级市场的组成及其交易原则

环境生产要素初级市场主要由市场参与者、交易对象和交易场所等要素组成。前书已经提到过，初期环境生产要素初级市场可以由环境行政机构充任，将来有望设立专业化的交易所。交易对象相对来说只有环境生产要素一种，但由于污染物的不同，环境生产要素也会有许多不同的类别，而且，根据划定的环境区域不同，环境生产要素也会出现地域性分类，所以，环境生产要素初级市场上的

具体交易对象也是丰富多彩的。环境生产要素初级市场的参与者主要有两类：一是环境生产要素的供应者；二是环境生产要素的需求者。

环境生产要素的供应者表现为环境行政部门，具体由环境生产要素管理局及其市场代理人充任。我国目前设置国家、省、市、县四级环境保护管理行政机构，分别负责所在区域环境保护相关工作，其中，组织排污申报登记与排污许可证发放工作可以转化为环境生产要素配售相关工作。

环境生产要素的初次发行代理机构可以是专业的环境生产要素交易所。环境行政机构设定区域初始环境生产要素的总量和各企业可以购置的最高量以及初始发行指导价格，然后交由专门的环境生产要素交易所进行具体发售工作，各企业可以在设定的认购指标限额以内按照较为有利的指导价自由在交易所登记购买环境生产要素。环境生产要素限量配售结束后有剩余的，交易所可以以环境行政机构设定的配售指导价为底价进行公开拍卖，不限定数量。美国环保局在设定排污权指标时就事先留出一定比例专门交给芝加哥交易所进行拍卖，以活跃市场。

环境生产要素需求者的类型比较多。环境生产要素制度可以选择消耗环境生产要素量较大的重点产业和企业为试点，在条件具备或情况需要的情况下，其他行业的排污企业逐渐纳入环境生产要素制度计划体系中。一般来说，生产性企业是环境生产要素最主要和最大量的需求者。在将来的环境生产要素市场上，以二次出售为目的的投机商和以消减排放量为目的的环保主义者也可以参与拍卖，成为初级市场上环境生产要素的购买者。

初级市场配售环境生产要素应当遵循以下基本原则：

第一，环境生产要素分配必须满足总量控制要求的原则。在环境生产要素初次配售时，必须考虑现行的环境管理制度，与现行的有关制度相结合。总量控制是现行基本环境管理政策，同时也是环境生产要素制度实施的基础，在确定分配总量和进行配额分配时必须对国家规定的总量控制计划予以重点考虑，不允许超出国家对该区域的总量控制指标。

　　第二，环境生产要素分配必须满足公平的原则。公平原则是市场经济最基本的原则，也是包括环境生产要素配售在内的一切市场交易所必须遵循的基本原则。配额分配的公平原则与其分配方法和依据紧密相关，无论采取何种配额分配的方法，绝对的公平是不存在的，但在同一种配额的分配方案下，相同的单位的配额分配原则和依据应当是相同的，即相对的公平性。对申购环境生产要素的数量限制也是维护公平原则的一个基本措施。

　　第三，环境生产要素分配必须和地域性的许可证相结合的原则。环境生产要素由许可证来体现和承载，许可证制度已经实施了比较长的时间，具有较高的认知基础，环境生产要素的分配也应与许可证制度相结合，实现一般排污许可制度向环境生产要素交易制度的过渡。因为不同的环境区域的环境本底值、风向、地形地势、水流方向、产业特色等的不同，环境行政部门只能在划定地域内配置环境生产要素，环境生产要素只能在区域内有效。当然，随着各种条件的变化，环境区域的划分也会有所变化，而且环境区域的划分还存在层次之分，大到按洲和国家划分，小到按城市和工业聚集区划分。合理划定环境生产要素的有效地域，对环境生产要素交易制度的健康发展非常重要。

　　第四，配额分配的时效限定及其定时重新核定分配原则。这里的时限性有两层意思，一是环境生产要素所设定的排放指标是有时间性要求的，不允许把年度指标在很短的期限内用完，否则，该环境区域内的某种污染物会在短期内超量聚集，浓度超过环境的承载能力，形成污染。另一层是环境生产要素在数量上不是一成不变的，随着人们对环境质量要求的变化，环境容量标准可能会有所不同，而地域排放总量控制的数量任务也会发生年度调整，区域内产业结构、企业兴衰也会变化，所以，环境生产要素一般都设定有效期，期限届满，依据新的情况重新配置。从市场交易的稳定性、企业生产发展的连贯性和政府对区域排放污染物总量控制的灵活性等方面考虑，环境生产要素分配周期应避免在一个时间点上"大换届"的情形，可以考虑多种期限的环境生产要素同时发行，这样做还可以发挥初级市场环境生产要素配售的基准价格作用。参照美国排污权的设定经验，一年、三年、五年等不同期限的环境生产要素可以同时存在。

第五，统一编码原则。全国各地发行的环境生产要素可以统一编码，对应污染物种类和所在环境区域以及具体排放源所在地都应该作为编码的一部分，以便于记录、信息传递和跟踪监测。比如环境生产要素按对应污染物种类采用四位英文元素符号表示，不足四位的用 0 补齐（如 SO_20 就表示对应 SO_2 大气污染物的环境生产要素），作为编码的前四位，所在环境区域用两位数字表示（如用 11 表示江浙酸雨控制区），作为编码的次两位，环境生产要素具体所在地也用两位数字表示（如用 21 表示南京地区），作为编码的第 7 位和第 8 位，接下来再用四位数码表示排污权的序号，以区别于同地其他同类排污权，比如 $SO_2011212354$ 就表示南京地区的第 2354 号对应二氧化硫大气污染物的环境生产要素。

二、初级市场环境生产要素的交易价格分析

在市场经济体制下，无偿取得环境生产要素，就是无偿获得了财富，并且往往剥夺了其他人在同等条件下无偿获得相同财富的机会，这是不公平的。有偿取得环境生产要素将刺激企业改进技术，减少排污量。所以，环境生产要素初次配置应采用有偿配售方式。

作为一种交易商品，环境生产要素的交易价格本应由市场供求决定，但在初级市场上，环境生产要素商品的最终供应者是政府，交易环境生产要素商品初次配置的价格影响着政府管理区域的经济发展与环境保护之间的协调关系，也需要考虑不同排污者之间、排污者与普通公众之间的公平问题等等，所以，初级市场上的环境生产要素价格不是一个纯市场问题，而是带有明显的社会性和政治性的问题。所以，政府必须对环境生产要素初次配置价格有一个明确的指导意见，一般表现为一定数额以内的指导性基准价格，即前面所说的"标价"。

环境生产要素初次配置价格的影响因素主要有以下几种：

第一，确定环境生产要素初次配置价格时首先必须考虑企业生产的外部成本。环境生产要素设置的基本经济学意义在于实现企业

外部生产成本的内部化，也就是说，如果企业为环境生产要素所支付的价款（G）刚好等于企业生产经营活动的环境外部成本（$G_外$），那么，令社会管理部门头疼的外部性问题将得以解决，企业生产也将实现经济学所追求的帕累托最优效率原则。所以，衡量企业生产经营活动的环境外部成本就成为了确定环境生产要素初次配置价格的关键因素。企业生产的环境外部成本主要表现为企业所排放的大气污染物、水污染物、固体废弃物和噪声等对环境所造成的破坏，以及进而对人类身体、生产、生活所带来的影响的清除费用和代价。其中包括恢复和改良土地、大气等环境载体所支出的各种费用（G_1），保护和挽救所危及的动物和植物所支出的各种费用（G_2），治疗人们因环境污染原因引起的疾病而支出的各种费用（G_3）等等。在理论上，环境生产要素初次配置价格应满足下面的等式：

$$G = G_外 = G_1 + G_2 + G_3 + \cdots$$

第二，确定环境生产要素初次配置价格时还必须考虑环境管理的成本。企业生产的外部成本是环境生产要素初次配置的决定因素，但这种外部成本的测定是非常困难的。测定这种成本，测定上述各种费用以及前面提到的为解决本地区排污总量而进行的观测、抽样、化验、分析、统计、制定总量控制制度和环境生产要素分配方案，监督方案的执行、检测执行效果等等，也都是需要支付费用的。这些费用无法都包含在外部成本之内，而且由全体纳税人来分担也是欠公平的，所以，在环境生产要素初次配置价格确定时也应当考虑环境管理成本。

第三，环境生产要素初次配置价格当然应当高于企业治理污染减少排放的平均社会成本。环境生产要素制度的一个重要效果就是借助效益最大化的企业管理规律促进企业自觉改进技术，缩减污染物排放，如果企业减少排放的代价比购买环境生产要素还高，这种效果就无法实现。同时，相比较第一项和第二项所提到的费用来说，企业的减排成本必然是比较小的，所以，可以说环境生产要素初始配置的最低价格应当与企业治理污染减少排放的平均社会成本持平。

第四，确定环境生产要素初次配置价格时也要考虑各种环境政策之间的协调。环境生产要素是一种具体的环境管理制度，而环境管理是一个制度体系，其内部各项具体制度之间应当注意协调配合。在我国当前环境管理制度体系中，包括"排污收费"、"超标收费"、"超标罚款"等具体措施在内的排污收费制度已经比较完善了，环境生产要素作为一种新的环境管理制度则正处于成长过程中。前面两点所谈的成本和费用问题已经在排污收费制度中得到了体现，在这种情况下，确定环境生产要素初次配置价格必须考虑与排污收费制度之间的协调关系。从长远来看，从行政收费为本质的排污收费制度向以市场配置为本质的环境生产要素制度过渡是环境管理的必然趋势。

第五，环境生产要素初次配置价格应当呈现一种逐步提高的总趋势。与一般商品的供应不同，环境生产要素的供应量应当是一个随人们对环境质量要求不断提高而逐步缩减的量，至少相对于不断增长的生产排污需求来说是这样的。无论环境治理效果发展到何种程度，环境生产要素供应量相对于需求量的这种不足关系不会改变。同时，由于流通市场的存在，一旦某一期环境生产要素初次配置价格低于了上次配置价格，将会对流通市场的交易造成严重的影响，不利于流通市场的健康发展。所以，不同年份环境生产要素初次配置的价格应当呈现一种逐步提高的总趋势。

三、环境生产要素初次配售的数量确定方法

从广义上来说，环境生产要素初次配售的数量确定包含两个层次的问题，一是将国家某种污染物的总量控制目标分配到省和城市（将来也可以考虑划定环境区域），二是地方环境行政机构将辖区的总量指标以环境生产要素的形式分配到具体的企业。如果考虑环境问题的国际协作，还可能存在国际上的排放量分配问题。这里所讲的环境生产要素初次配售数量问题仅指第二个层次的情况。

（一）确定初次配售数量的历史环境生产要素消耗量法

在环境生产要素初次配售的数量确定活动中，一般应考虑采用根据企业的历史环境生产要素消耗数据确定环境生产要素数量的方法和根据企业的环境生产要素消耗强度确定环境生产要素数量的

方法。

根据历史环境生产要素消耗量的初始配额分配可以用下列公式表示（以燃煤电厂的二氧化硫排放对应的环境生产要素消耗为例）：

约束条件：
$$E_f = E_c(1-p) \geqslant \sum_{i=1}^{n} e_i$$

分配计算：
$$e_i = e_c(1-p_i) \times \varepsilon$$

式中　E_f——SO_2 的对应环境生产要素消耗目标，即 f 年的排放量；

E_c——现状消耗量；

p——SO_2 的削减目标，即到 f 年 SO_2 削减百分比；

e_i——每个企业分配的配额；

e_c——每个企业现状消耗量；

n——参与交易的企业个数；

p_i——根据总的削减百分比 p 确定的针对每个企业的削减百分比，根据环境管理部门的要求，每个企业的削减目标与总的削减目标可能会有所不同；

ε——调节因子，根据环境管理部门的需要，在进行配额的分配时，综合考虑企业的生产技术水平和污染治理水平而确定的调节因子。

可见，历史消耗量法进行环境生产要素初始配额分配的关键是确定现状的消耗量和削减水平，同时确保每个企业所分配到的配额之和不能够超过总量控制目标，这一方面是为新的污染源提供发展的空间，另一方面是拿出一部分环境生产要素配额由环境管理部门统一进行调节，增加分配的灵活性。同时，调节因子的引入弥补了由于现有企业的技术水平和治理水平的差异所带来的不公平。

（二）消耗强度法

以 SO_2 大气环境生产要素消耗为例，按照消耗强度进行环境生产要素初始配额分配可以有两种计量方法，一是按照发热量进行分配，二是按照排放绩效标准（GPS）分配。

按照发热量分配环境生产要素的方法基于这样一个原理：SO_2 的排放主要来自于能源消耗，单位能源的 SO_2 排放量体现了企业的单位能源生产排放 SO_2 的水平。具体可以参考下一节的相关内容。

这种方法在许多国家普遍应用，从科学的角度而言，是合理可行的，但这种方法不能体现最终的能源使用效率。

按照排放绩效标准（GPS）分配环境生产要素的方法主要针对火电行业而言，以电厂发电量为测算基础。即设定一个基于大量试验监测得到的生产单位发电量需要排放的 SO_2 水平，根据火力电厂的发电量即可确定其所应获得的环境生产要素配额数量。这种方法既可以公平地分配环境生产要素，又有利于促进提高能源的整体效率，促进清洁能源和清洁生产的发展，促进环境质量的改善。如果这种方法得到大面积推广，要比采用其他方法前进一大步。

在这一方法中，控制目标有两个，一是污染物的排放总量控制目标，另一个是环境绩效控制目标。GPS 分配方法可以按照下式计算：

约束条件：
$$E_f = S_f \times G_c \geqslant \sum_{i=1}^{n} e_i$$

$$S_f < S_c = \frac{E_c = \sum_{i=1}^{n} e_{ci}}{G_c = \sum_{i=1}^{n} g_{ci}}$$

分配计算：
$$e_i = S_f \times g_c \times \varepsilon$$

式中　S_f——控制目标年末的 GPS 标准；

G_c——交易范围内电厂的现状发电量；

S_c——现状 GPS；

G_c——污染源现状发电量；

ε——调节因子；

其他同上。

应用 GPS 方法确定环境生产要素初始配额，首先要确定各参与环境生产要素交易计划的电厂的平均 GPS 标准，然后根据控制目标年的 SO_2 削减量，综合考虑火电的发展情况、火电厂技术进步、能源结构改善等因素，确定控制目标年的 GPS 标准，然后根据新的 GPS 标准和企业现状的发电量来分配配额。GPS 方法对配额的分配兼顾了企业的生产和污染治理情况，相对来说较为公平。

四、环境生产要素初次配售的程序

（一）账户设置

设置环境生产要素账户时，环境行政机构对每一个账户申请者设置一个唯一的号码，用于身份确定和识别，一个企业只能申请一个唯一的账户。在账户内应记载排污源的基本情况，比如名称、所在地、行业、排污类型、排污设备数量和功率、联系方式，尤其是企业环境生产要素（账户）管理部门的联系方式及电子数据传输地址等等，并对环境生产要素初次配售数量及时间、历次流通数量及时间等环境生产要素的"进"、"出"情况做出清晰记录。每个环境生产要素账户应坚持按时汇总结算，供环境行政机构对企业环境生产要素使用情况进行监测。

环境生产要素账户信息必须在环境行政机构及其监测中心、环境生产要素初级市场和流通市场、环境生产要素流通跟踪监测中心实施共享，以便确定每一个账户下的环境生产要素使用、流转、节余情况，并与实际排放量进行比对。交易发生时，经纪人通过环境生产要素交易所的交易计算机系统在环境生产要素账户上进行入账和扣划，环境生产要素流通情况跟踪监测中心进行联网监督核实，交易者进行联网查询监督。每个拥有环境生产要素账户的企业的账户信息逐年汇总，并存入环境生产要素信息数据库，留作档案材料备查。

设置环境生产要素账户不会增加企业和环境行政机构的工作量。现行排污申报制度要求企业必须将企业及其污染物排放情况向环境行政机构及时通过同一软件进行申报，这些工作中的一部分稍加调整即可成为环境生产要素账户设置工作。

（二）环境生产要素申购

这一过程与现行排污申报类似，是一个环境行政机构与企业之间的信息交互过程。我国1997年《关于全面推行排污申报登记的通知》规定：（1）全面进行排污申报登记。登记的范围包括一切直接或间接向环境排放污染物的企业、事业单位及个体工商户。（2）统一申报，统一软件。申报的主要内容有：企事业单位基本情况，生产工艺废气排放情况，燃料燃烧排放情况和所在功能区等。排污单位必须按照环境保护部门规定的时间进行申报登记。申报表每年填报一次，企业的生产情况按上一年度正常的生产情况填报，排污情况按实际情况填报。新建、改建、扩建或转产的项目，试产前 3 个月内按照规定向环境保护部门申报，拆除或闲置污染治理设施以及改变排污方式，污染排放情况有较大改变时，应提前 15 天向环保行政主管部门申请，并同时变更申报手续，属突发性的重大改变，必须在改变后 3 天内进行申报。

以排污申报制度为基础，根据历史情况和生产发展计划，企业可以方便地进行环境生产要素申购工作，在申购表中填写具体申购数量。申购数量是企业有理有据地表明自己进行正常生产，采用符合国家环保要求的治理措施、减排设备和清洁能源所必须消耗的环境生产要素数量。依据的信息失真，造成环境生产要素申购明显超过合理数量的，由环境行政机构给予减配处罚，并作出其他相应处理。

（三）环境生产要素申购数额审核与确定

环境行政机构对申购书进行全面审查核实后，区别不同情况进行处理。各项依据属实可信的，通过审查予以登记纳入环境生产要素申购数据库；存在问题的，根据具体情况做出重报、减量，甚至停配处理。

环境生产要素申购工作结束后，由环境行政机构根据国家和上级机构的总量控制指标分配结果，将本辖区分得的指标总量与申报的环境生产要素总量进行比对。申报的环境生产要素总量小于排放指标总量的，可以按照实际申报数确定排污企业最高可购得的指导性数额；申报的环境生产要素总量大于排放指标总量的，应当优先按实际申报数满足因改用清洁能源、改进生产工艺或新上减排设施带来减排效果的企业，其余按实际申报数消减一定百分比后确定最高可申购指导性数额。环境行政机构可以在排放指标总量中预留一小部分比例作为机动，以应付突发环境事件或新、扩建等新增排污需求，也可以作为地方环境整治方案中的一部分，以促进本地环境质量的快速提高。

环境行政机构确定的最高可购环境生产要素指导性数额是排污企业在初级市场上获得环境生产要素的最高限额，排污企业可以放弃购买环境生产要素或者部分购买环境生产要素，但不得超过限额申购。

（四）环境生产要素申购数额的公布与配售

在企业最高可购环境生产要素指导性数额确定以后，环境行政机构应当通知企业，并进行公告，允许申购企业提出异议，进行监督。申购企业对所确定的限额有意见的，环境行政机构应当进行复议，理由充分可信的应当重新审核确定最高可申购限额。

环境生产要素申购数额确定并公布一定期限以后，应当按照事先规定的时间进行环境生产要素初次配售工作。初次配售可以采用多种具体方式，在开始阶段宜采用操控性比较强的直接发售法，按照环境机构设定的配售价格在配售额度以内由申购企业付款认购，环境机构凭交款收据向其环境生产要素账户划拨相应数量的要素，具体配售工作可以由环境机构进行，也可以由环境行政机构委托代理人进行。

配售工作结束，列入配售计划的环境生产要素尚有剩余的，可以发布公告另外进行拍卖。这种拍卖不设数量限制，以正常初次配售的指导定价为底价自由竞买，出价高者优先获得，直到环境生产要素销售完毕或没有人竞买为止。一般来看，这种剩余环境生产要素拍卖的成交价格应该高于环境行政机构的直接发售价格，而低于流通市场的一般交易价格。

（五）环境生产要素初次配售数量信息的管理

环境生产要素初次配售数量信息是国家和地方环境行政机构进行污染源管理的重要数据源。环境行政机构应当对其记录、存储和传输，据以和企业实际消耗量进行比对，随着其使用和出售情况在环境生产要素账户上进行冲销或划拨。随着环境生产要素的逐年配售与交易，企业账户上可能同时存在不同期限、不同类型、不同区域的环境生产要素，还有环境生产要素的跨期结转（存储）问题，对环境生产要素数量信息管理的工作量会相当庞杂。目前国家和各级环境保护部门已建立了基于排污申报制度的信息管理系统，实施对数据的统一管理。在此基础上，也应建立相应环境生产要素信息系统，进行统一管理。

五、环境生产要素使用情况跟踪监测

环境生产要素使用情况跟踪监测就是时时将企业账户上的有效环境生产要素数量与实际消耗量进行比对，及时冲销消耗掉的环境生产要素，在环境生产要素存量低于一定数量时发出预警，防止企业超环境生产要素排放，保证总量控制目标的实现。账户上的有效环境生产要素数量由初始分配和流通交易产生。

（一）企业排污量的跟踪测定方法

不同污染物的环境生产要素消耗量有不同的测定方法，以 SO_2 为例，可以采用监测仪器直接测定法和物料衡算两种方法。根据监测仪器的不同，监测仪器直接测定法有连续自动排放监测和抽样定时排放监测推算两种具体做法，物料衡算法是根据万元产值或单位产品或单位热量的环境生产要素消耗量来计算。物料衡算法简便易行但比较粗糙，连续自动排放监测法是最具有准确性和发展前途的方法。

1. 物料衡算法

物料衡算法也称为质量平衡法，即通过平衡投入和产出的质量，计算相关环境生产要素的消耗量。这一方法适用于与燃料直接关联的燃烧排放（如 SO_2 或 CO_2），也同样适用于不与燃料直接关联的燃烧排放（环境生产要素消耗，下同），如水泥生产。对于燃烧排放来说，排放总量通过燃料燃烧的总质量和其中的硫含量计算而得，此方法的假设前提是燃料中的污染物全部转化为大气污染物。例如，一台锅炉一天燃烧掉 100 吨煤，煤中硫的平均含量为 1%，则假定有 1 吨硫排放出来。利用简单的化学等式，就会得出排放到大气中的 SO_2 为 2 吨。

如果再增加一个条件，还可以计算出保存在灰分中没有从烟囱中释放出来的污染物数量。计算该数量时，先取样燃灰，然后进行称量，再对灰分样品中的含硫量进行化学分析。假设以 SO_2 形式排出的硫量就是进炉煤中的硫量减去出炉灰中的硫量之差。

2. 连续自动排放监测法

连续排放监测系统是确定固定排放源排放污染物（如 SO_2、NO_x 和 CO_2）精确度极高的监测方法。该系统可连续不断地进行监测，能够及时、精确、可靠地提供实际排放物的监测值。这种方法要求在燃烧装置的烟囱上安装专门用于污染物浓度监视器和体积流量监控器，例如在烟囱上安装一个取样器，将样品输送给分析器。为保证操作的连续性，电脑自动记录并存储测量仪器上的读数，这样可以最大限度地减少人工读取的错误，提高数据采集和存储的效率。为了实现这一操作，浓度和流量监控器均应连接到数据采集与处理系统上，该系统连续（至少每15分钟一次）自动采集浓度和流量的原始数据。之后，由数据采集与处理系统进行计算，从而得出指定时间内被测污染物的排放总量，即排气烟囱在指定的小时、天或星期内所排出的污染物数量。

进行准确的连续排放监测对环境生产要素交易系统至关重要，它是使人们对环境生产要素的价值确立较高的信任度，愿意把它当作商品进行交易的基础。排放监测方法越精确、越完善，与配额相关的风险和不确定性就越低，从而交易市场的效率就越高。

（二）跟踪测定的要求和我国的基本情况

环境生产要素消耗量跟踪监测工作是一套全面的数据测定、收集、审查和维护系统性工作。数据量非常庞大，靠手工来做是不可想象的，所以，应当要求所有的环境管理机构和企业安装相应电子化装置。包括网络系统、硬件设备及管理信息系统、监测设备、排放跟踪软件等。

美国 SO_2 和 NO_x 排污权交易项目选择了连续排放监测系统，并建立了发达的排污跟踪监测系统，作为环境生产要素交易信息管理系统的重要组成部分。这一系统可以测定、接收、管理排污数量信息，并进行记录、存储、发布等多种功能。

我国目前已建立了基础性的连续监测系统，并开始逐步形成相应的污染源信息管理系统，如图5-11所示。按照国家《火电厂大气污染物排放标准》（GB 13223—1996）的规定，第Ⅲ时段（1997年1月1日起环境影响评价报告书待审查批准的新、扩、改建）的火电厂，必须在烟囱和烟道上安装固定的烟气连续测试装置，目前这一工作已完成。在两控区的规划中，国家对两控区内重点污染源排放的 SO_2、烟尘（粉尘）和 NO_x 排放源也提出了在线连续监测的要求。目前，这种要求也已经得到了落实，并有所拓展。在具体管理方式上，由企业负责购置、安装和运行在线连续监测系统。环保主管部门负责对企业的在线连续监测系统进行校正、标定、质量保证和计量认证，并将监测数据终端与环境管理部门联网。目前连续监测数据已经开始作为排污申报、排污收费、排污许可证、排污交易和排放总量控制的依据，同时也可作为企业内部管理、改善生产状况和提高经济效益的依据，还进入了环保管理部门的数据库，用于进行环境质量预测预报。这些监测系统完全可以直接为环境生产要素体系服务。

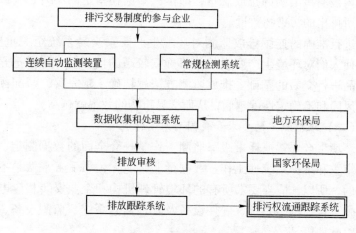

图 5-11 监测数据流程图

第四节 环境生产要素交易流通市场建设及其运转

一、流通市场的组织形式

环境生产要素流通市场的具体组织形式可以有多种，建议参照证券交易所的形式，在国家环境行政管理机构管理下，建立全国统一的环境生产要素交易市场，各地方环管部门可以组织设立环境生产要素流转代理公司作为市场的会员，代理中小用户进行交易，环境生产要素经纪人也可以在市场上具体负责交易事项，如图 5-12 所示。

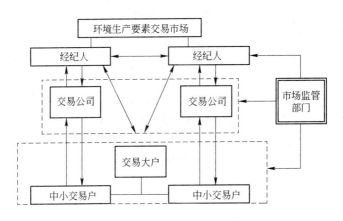

图 5-12 环境生产要素流通市场交易图

环境生产要素流通市场可以采用供求双方直接交易的形式，也可以采用经纪人撮合交易模式。撮合交易模式的特点和环境生产要素交易程序如图 5-13 所示。

借助全国统一的交易所和各地交易代理公司，可以在全国形成一个紧密联系的环境生产要素交易网络，经纪人居于这个交易网络的核心，按照"价格优先，时间优先"的原则撮合买卖双方的环境生产要素交易。这种交易是快速、高效的，交易双方对交易品种、交易数量和交易价格都有明确的委托，只要条件合适，即可马上成交，快捷方便而且节省费用。

经纪人撮合交易是一种全日制的交易模式，不断进行的环境生产要素交易不断更新着市场行情，便于潜在的交易者了解当前某地某种环境生产要素的供应量与需求量之间的比例关系和交易价格情况，以便于结合自己的生产经营情况科学合理地做出卖出或者买入的决策。经纪人撮合交易模式下的市场信息是充分和连续的，借助

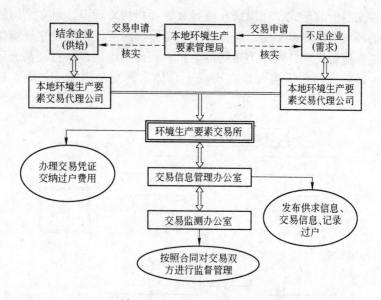

图 5-13   环境生产要素交易流程示意图

全国的交易网络向每一位有交易需求的客户提供，不存在信息中断、信息不连贯问题。

　　环境生产要素交易所的经纪人撮合交易模式完全有条件实现不间断的足量交易。有人担心环境生产要素数额大、持有者少、企业应用率高、节余可以存储结转，所以交易所会出现"有场无市"的情况。本书认为，当规范的环境生产要素交易所设立以后，一方面可以彰显环境的价值，便于大宗环境生产要素结余变现，吸收零散的小额环境生产要素进入市场，防止浪费；另一方面可以使新设企业和扩张企业获得环境生产要素，并吸引社会各界投资，丰富投资市场，其交易量会越来越多。还可以考虑借鉴"资本"及其"股份化"的经验，在环境生产要素初次发行配售环节，将环境生产要素总量指标等分细分成"标准环境生产要素份额"，每一份额都可以独立上市交易。这种小额等分方式，可以大大提高企业节余环境生产要素的出售积极性和可能性，并刺激社会资本进入的积极性，使交易所的日常交易量达到维系基本市场行情的必要水平。

经纪人撮合交易便于交易信息的记录和传输,从而有利于配额流转的跟踪和监测,有助于各级环境行政机构及时掌握发行配售的环境生产要素的动态,控制本地环境生产要素总量。经纪人在交易所借助计算机撮合排污权交易,这些计算机能够按照指定程序自动生成交易信息数据库,并可依据环境生产要素类型、所属环境区域等自动进行分类处理。这些交易信息必须借助计算机网络与环境行政机构及其环境生产要素流转跟踪监测部门联网,以监控环境生产要素的流向,防止借用异地环境生产要素违规排放或利用已出让出去的环境生产要素超标排放。

经纪人撮合交易模式是一种规范的场内交易形式。场外市场交易随意性大,缺乏专业人员的监控,交易设施设备不足,难以形成规范、有效的交易记录,交易信息也难以传送到跟踪监测机构,所以,环境生产要素不能适用场外市场。

二、环境生产要素流通市场的价格变动机制

(一) 环境生产要素流通市场价格影响分析

在经纪人撮合交易模式下的环境生产要素交易所的市场行情以涨为主导趋势,但这并不意味着环境生产要素交易所的行情会一路攀升,没有下降的情况。随着人类社会的发展,生产活动会越来越发达,环境生产要素的需求量不会减少,而人们对环境的要求也会越来越高,环境生产要素发放量却不会增加,从总的发展趋势来看,流通市场交易价格必然呈现不断上涨的情势。但这并不意味着环境生产要素行情看涨所带来的"盈利率"必然会超过社会平均利润率或行业平均利润率,也不意味着环境生产要素的涨价幅度必然会超过其他能源、原材料或商品的涨价幅度。所以,购置环境生产要素并不见得比投资于实业或其他投资品获取的利益多。只要初次配售限量和定价工作做得好,人们在"申购"排污权的时候,就不会出现所谓抢购以获取预期"超额利润"的情况。

环境生产要素初级市场和流通市场的衔接问题很重要,尤其是价格。环境行政机构在初次配售环境生产要素时应认真设置合适的价格,该价格不但影响着初次配售环节,而且对流通市场价格的形成具有指

导意义，从而影响着环境生产要素制度的整体运行。环境生产要素制度是以市场自发调整机制为主导的，但也不能脱离政府的干预和调控，这是全世界经济发展、环境管理工作的历史经验和教训的总结。在环境生产要素流通市场上，如何体现政府的干预和调控呢？借助环境行政机构设定的初次配售价格。环境生产要素具有期限性，每年都涉及对环境容量的重新测定和在最新总量控制指标下的环境生产要素量的重新设定，在扣除剩余而结转到下期的数量和未到期而继续使用流通的数量之后，就应该补充配售新一轮的环境生产要素。这种新发行的环境生产要素量较大，其价格对流通市场的影响非常明显。如果两级市场之间的价格差距过于明显，环境生产要素的正常配售或交易秩序就会被打破，在形成市场混乱的同时，引起社会不满和矛盾。所以，环境生产要素的初次配售价格承担着稳定市场、指导市场、规范市场的重任，既代表国家的调控意向，又沟通着两级市场，完全可以充任排污权市场的基准价格。除了初次配售发行，环境行政机构还可以在市场行情异常波动或环境管理需要时，像政府在证券市场上开展的"公开市场业务"一样，在流通市场上买入或者卖出环境生产要素，以体现政府调控和基准价格的权威性。在基准价格作用下，流通市场的行情会相对比较平稳，呈现正常的市场发展态势。这也正是初次配售不适于采用无偿配置方式的原因之一。

正常情况下，环境生产要素流通市场的价格也会存在应有的波动性。有实际排污要求的企业是环境生产要素的最大和最终需求者，这些企业愿意承担的环境生产要素受让费与自行减排成本之间存在密切关联，如果流通市场上的环境生产要素价格高于企业减排的边际成本，企业将倾向于购置环保设备，采取减排措施；如果流通市场上的环境生产要素价格低于企业减排的边际成本，企业将倾向于从市场上购置环境生产要素，来尽可能多地安排生产活动。也就是说，"社会平均边际减排成本"在实际上将充任流通市场上环境生产要素的价格中心线，环境生产要素的价格应当围绕"社会平均边际减排成本"上下波动，不会偏离太远。这与环境生产要素初次配售价格充任流通市场基准价格的观点并不矛盾。基准价格是实际价格的参照，更多地体现政府意志，市场实际价格可以与之完全一致，也可以始终保持一定的偏离关系，而"社会平均边际减排成本"是企业决定卖出或者买入环境生产要素的经济参照因素，反映企业利益导向的行为观念，通过形成环境生产要素供求之间的数量变化来体现对流通价格的影响。环境生产要素交易使企业之间在互惠的基础上进一步分配了减排成本。市场机制下的环境生产要素和减排成本的重新分配使买卖双方都可以得益，社会总成本也会减少。

投机者和环保主义者的加入、环境生产要素期货交易的开展，也都可以对环境生产要素的交易价格带来影响。

（二）环境生产要素基准价格模型构建

环境生产要素交易价格可参照国外的 PES（Payment for Ecological/Environmental Services 生态/环境服务付费）、PEB（Payment for Ecological/Environmental Benefit 生态/环境效益付费）的收费标准，采用全成本定价、用户承受力定价、边际机会成本定价、服务成本定价、完全市场定价、影子价格等模式。环境生产要素价格是由多种因素决定的复杂系统，单纯使用一种模式不够全面。上述价格确定方法都忽略了环境质量与环境生产要素转让年限不同对价格产生的影响。在综合考虑各种因素的基础上，探索基于政府调控和市场双重作用下的环境生产要素转让基准价格模型，既突出市场供求对价格的影响，又考虑到政府为保证宏观经济良好运行而采取的价格调控手段。

1. 市场供求曲线决定的环境生产要素价格

环境生产要素虽然是可再生资源，但在一定时期内，环境生产要素的总量是有限的，其再生量远远低于人类需求的增长量，因此，环境生产要素的短缺决定了供给完全无弹性，即环境生产要素转让价格的上升或下降不会引起供给量的变化。如图5-14所示，P 表示环境生产要素价格，Q 表示数量，Q_0 表示可供给环境生产要素量，在一定时期内，它是一条无价格弹性的直线。

一般而言，一种资源越是不可替代，越是生产生活必须，那么它的需求弹性

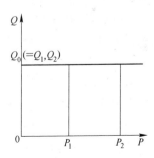

图 5-14　供给曲线

越小。环境生产要素是人们生产生活中必不可少的，也是不可替代的，因此环境生产要素的需求缺乏弹性。即环境生产要素价格的上涨会导致需求的下降，但价格上升或下降的幅度大于所引起的需求量下降或上升的幅度。如图 5-15 所示，Q_{min} 表示人类的最低环境生产要素消耗量，低于这个限度，人类的生存就会受到威胁。环境生产要素需求量随着价格的上升而下降，但不会低于 Q_{min}，而是无限趋近于 Q_{min}。图 5-16 是市场供求作用下环境生产要素的均衡价格。

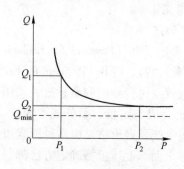

图 5-15 需求曲线

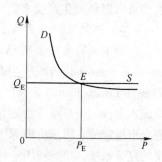

图 5-16 均衡价格

2. 采用管制价格对环境生产要素价格进行管理

由于市场失灵现象的存在，在实际运行中往往要对环境生产要素价格实施管制，由政府给定环境生产要素的基准价，并给定上下浮动范围。制定管制价格的一个重要原则是成本约束原则，其基本思路是：虽然政府不能充分了解企业成本的运行结果，但可以通过控制成本的变化，促使企业自觉提高效率，降低成本。

根据我国的实际情况，借鉴发达国家的管制价格模型，一种可供选择的价格管制基本模型是：

$$P_{t+1} = C_t[1 + (CPI + PPI)/2 - X] + P_{t+1} \times r \qquad (5-1)$$

为简便起见，在式（5-1）中 $(CPI + PPI)/2$ 是对消费价格指数和生产价格指数进行简单算术平均，但对特定的某种产品来说，消费价格指数和生产价格指数对成本往往有不同程度的影响，届时可对这两个指数实行加权平均，其计算公式为：$\alpha CPI + (1 - \alpha)PPI$，$0 < \alpha < 1$。其中，$C_t[1 + (CPI + PPI)/2 - X]$ 为成本项，$P_{t+1} \times r$ 为

单位利润项，经整理并考虑质量系数 Q 可得：

$$P_{t+1} = \frac{C_t[1 + (CPI + PPI)/2 - X]}{1 - r} \times Q \qquad (5\text{-}2)$$

式中　P_{t+1}——下一期的管制价格；

　　　C_t——本期的单位成本；

　　　CPI——消费价格指数；

　　　PPI——生产价格指数；

　　　X——政府规定的环境生产要素供给增长率（如为负值，则为下降率）；

　　　Q——水质系数；

　　　r——销售利润率。

上述价格管制模型中，$(CPI + PPI)/2 - X$ 是关键性因子。在制定下一期环境生产要素管制价格时，首先要考虑基期的成本情况和成本变动因素。各因子的确定如下：

（1）C_t 的确定。C_t 为环境生产要素基期的成本项，在第一次使用模型时，确定初始的 C_t 尤其重要。对于环境生产要素的有关成本，可以参照国家规定的有关技术经济指标，运用工程分析法或技术定额法加以确定。对于工资成本等，可以根据相关行业的劳动生产率和人均工资水平加以确定。对于计入成本的福利费、劳动保护费等，则可以按照有关政策进行核算。

（2）CPI 和 PPI 的确定。在统计实践中，CPI 是一个常用指数，而反映作为环境生产要素价格变化的 PPI 较少使用，因此，确定 PPI 的一种可供选择的替代方法是计算其主要成本变化率，即：

$$PPI = \sum W_i \times \frac{C_{ti}}{C_{0i}} \qquad (5\text{-}3)$$

式中　C_{ti}——第 i 种主要投入物（如电、劳动力、原料等）在第 t 期的成本价格；

　　　C_{0i}——第 i 种主要投入物在基期的成本价格；

　　C_{ti}/C_{0i}——第 i 种主要投入物的成本价格变化率；

　　　W_i——第 i 种主要投入物成本在总成本中的权数，各权数之和为1（即 $\sum W_i = 1, i = 1,2,3,\cdots,n$）。

（3）X 的确定。X 值的确定既是难点，也是关键所在。作为管制者来说，如果要制定出切实有效的 X 值，则需要具备较完全的信息，即能够了解环境生产要素市场的可供量以及平均需求量。在具体确定 X 值时，可以参照先期改革国家，如美国的 X 值确定方法，结合中国的实际情况，按照各影响因素的重要程度赋予一定的权数，根据相关资料预测一个调整周期内各因素的提高率，然后进行加权平均即可得到 X 值。

（4）Q 值的确定。环境生产要素质量系数 Q 的最大值一般为 1。如果管制者难以客观确定 Q 值，也可以在价格模型中暂不考虑这一项。

（5）r 值的确定。模型中的 r 为销售利润率。在确定初始 r 值时，也可以参考净资产利润率和销售利润率的转换值，即：

$$r = \frac{净资产额}{销售额} \times 净资产利润率 \qquad (5\text{-}4)$$

在模型中，不是以投资利润率而是以销售利润率决定企业的利润水平，其主要理由是为了避免在投资利润率下企业可能发生的过度投资，从而产生低效率的 A-J 效应。而且，对企业投资所形成的资产额的正确核算也是一件比较复杂的管制工作。相比之下，销售利润率比较客观。

上述模型还有一个调整周期的问题。政府确定的价格管制模型应具有一定的稳定性，以保持一段时期内的价格的持续性。如果调整周期过长，企业的价格就会受不确定因素的影响。反之，若调整周期太短，就显得价格管制太滥，使企业缺乏对政府管制的信任，因此，其价格调整周期一般是 2~3 年。

3. 市场和政府共同作用的环境生产要素基准价格

当市场均衡价格 $P_{\min} < P_E < P_{\max}$ 时，均衡价格 P_E 就是环境生产要素的基准价格，如图 5-17 所示；当 $P_E > P_{\max}$ 时，政

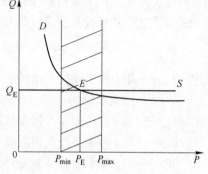

图 5-17 P_E 在政府指导价范围内

府管制价格上限 P_{max} 就是环境生产要素转让的基准价格。此时需求
曲线就会下移，与供给曲线 S 相交于 E'，如图 5-18 所示。这样政
府就实现了通过价格抑制环境生产要素用量的目的。而当 $P_E < P_{min}$
时，价格下限 P_{min} 就成为新的环境生产要素基准价格。此时，需求
曲线将会整体上移，与供求曲线 S 相交于 E''，如图 5-19 所示。这
样政府就保证了环境生产要素价格的最低限度，防止环境生产要
素交易者之间进行暗箱操作，避免了国有资产的流失。

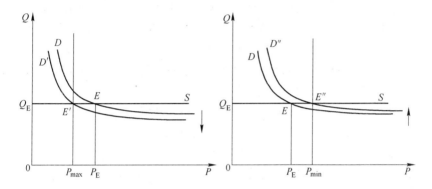

图 5-18 P_E 超出政府指导价最高限   图 5-19 P_E 小于政府指导价最低限

在市场经济条件下，环境生产要素市场的供求状况决定交易价
格。同时，环境生产要素转让的价格变动又会引起用户对环境生产
要素需要量的变化，通过市场的调节作用，达到环境生产要素配置
的优化。

政府在环境生产要素转让过程中，应以宏观调控为主，政府
针对环境生产要素转让的管制价格应综合环境生产要素自身的供
给与需求、环境生产要素质量、环境生产要素期限以及环境生产
要素买卖主体的差异等等各种因素。管制价格不仅是对环境生产
要素交易市场中自然交易价格的宏观调控，也是对环境生产要素
市场交易情况的一种映射。当市场形成的转让价格超出管制价格
的变动范围时，政府就应通过价格管制对其进行调整，从而既实
现资源的优化配置，又保证用户的正常需求以及国有资产的保值
增值。

三、环境生产要素流通交易的跟踪与监测

在环境生产要素配售工作完成后，原则上拥有配额的企业都可以在流通市场上二次买卖。参与环境生产要素交易体系的企业应当都设置有专门而且唯一的环境生产要素账户，凭借这个账户，企业可以向环境生产要素中介公司，规模足够大时可以直接向交易所经纪人提出交易委托，在交易所完成流转交易。环境生产要素在不同企业的流转，导致了企业在初次配售活动中所得到的环境生产要素的变动，单纯对企业的环境生产要素消耗量进行连续自动监测已无法判断排放是否达标，对企业环境生产要素交易进行跟踪监测，以实时掌握企业账户上的环境生产要素存量数额状况，是环境生产要素流通交易活动要求的必要工作。

相比较上一节提到的环境生产要素消耗量跟踪监测工作，环境生产要素流通交易的跟踪与监测工作要简单一些，不需要进入企业的实际生产过程，但在计算机系统的要求方面，却有过之而无不及。环境行政机构的环境生产要素交易跟踪监测系统要求与交易所的交易系统、企业环境生产要素账户系统以及环境行政机构自身的环境生产要素初次配售系统、达标判别和环境生产要素冲销系统、剩余核实与结转管理系统相互连接，如图5-20所示，自动记录企业配额的获得、买卖、转让、结转和达标情况，其功能像银行的信用卡账户系统，初始存款、外来汇款、对外汇兑、消费支付、现金节余等项目都可以自动记录并明确显示。

借助灵活、全面的信息管理系统来跟踪、监测和管理环境生产要素交易数据具有许多优势，包括：（1）提高数据的准确性。电子报表和数据质量自动纠错等工具能够降低错误率并消除多余数据的输入。（2）缩短数据处理周期、降低处理成本。电子报表和数据质量自动纠错工具同时还可以降低完成、处理及检查书面报表所需的时间和成本。此外，数据的电子化存储大大降低或者说可以消除通过书面报表进行收集、传递、存储及散发的成本。（3）增强数据可得性。数据的电子化存储可以使得相关数据的检索、分析和评估更加简便。增强数据可存取性允许项目参与方和感兴趣的公众检索数

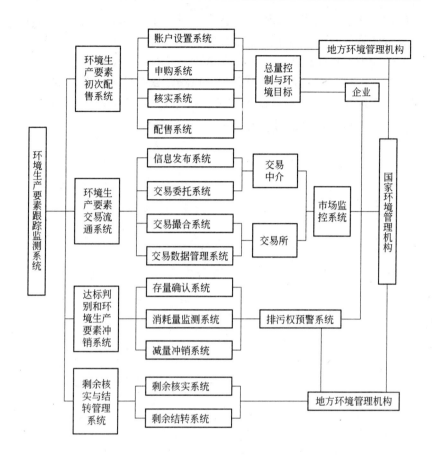

图 5-20　环境生产要素跟踪监测系统结构示意图

据，确定是否达标，评估项目的有效性，以便做出正确决策，这样也就能提高对交易项目的信心。数据的透明度还有助于形成高效率的市场、公众的赞同，并培育项目的可信度。（4）提高数据的一致性和可比性。电子报表及数据的电子化存储要求所有的参与方以相同的报表格式上报相同的信息，可以保证数据的一致性。这种一致性能够促进参与方所上报的数据在时间尺度上具有可比性。

　　我国当前尚未建立起成形的环境生产要素流通市场，同时，相关硬件设备、网络设施和软件系统等也都存在欠缺，但在近几年环境管理工作中，一些环境管理机构已经进行了大量准备工作，购置了大量实施设备，进行了软件开发，初步具有了环境生产要素跟踪监测的能力。目前，我国国家环保部正在进行统一的可服务于环境生产要素的跟踪监测系统研究开发，以满足跟踪监测交易计划涉及的排放源所持有排污权情况的需要，这一系统以开放式、发布式、跨地区、跨行业综合化网络化信息系统为特色。

第六章

节能减排的政府—市场联合管控制度框架

节能减排，技术研发和设备改进必不可少，但耗能排污、以赢利为目标的企业为什么会花钱投资进行技术研发和设备改进呢？行政命令是有效的，但在市场经济条件下不解决长期问题，也容易造成"一管就死"的局面。高能耗高排放生产模式是一种经济制度和环境制度缺乏协调安排的后果，是经济学忽视环境问题，片面追求生产扩张的结果。所以，解决环境问题离不开环境管理制度创新，实现节能减排必须重视经济学自身改造，创新经济制度安排。在将环境和生产协同考虑的环境生产要素理论的基础上，由政府对环境实施要素化管控，借助环境生产要素供求机制，引导和激励企业实施环境成本核算，控制企业能源消耗和污染排放的优胜劣汰机制是节能减排的必由之路。

第一节　政府在节能减排中的地位

一、政府是环境公共利益的代表

环境具有明显的公共性，属于公共物品。公共物品和私人物品是根据排他性、强制性、无偿性和分割性这四个特征来判断的。所谓排他性就是这种物品只能供它的占有者来消费，而排斥占有者以外的人消费。所谓强制性就是某种物品是自动地提供给所有社会成员消费的，不论你是否愿意接受。所谓有偿性就是消费者消费这种物品必须付费。所谓分割性就是这种物品可以在一组人中按不同方法进行分割。有些物品也许介于公共物品与私人物品之间，或者说具有一定的公共性，可以称之为准公共物品。环境由于不可分割性导致的产权难以界定或界定成本很高，一般属于公共物品，或具有一定的公共性。

共同而又互不排斥地使用生态环境资源这种公共物品有时是可能的，但由于"先下手为强"式的使用而不考虑选择的公正性和整个社会的意愿，一些环境资源，如清洁空气、开阔空间甚至阳光正在变得日益稀缺。结局可能是所有的人无节制地争夺有限的环境资源。英国学者哈丁在 1968 年指出了这种争夺的最终结果，他说：如果一个牧民在他的畜群中增加一头牲畜，在公地上放牧，那么他所得到的全部直接利益实际上要减去由于公地必须多负担一吃口所造成整个放牧质量的损失。但是这个牧民不会感到这种损失，因为这一项负担被使用公地的每一个牧民分担了。由此他受到极大的鼓励一再增加牲畜，公地上的其他牧民也这样做。这样，公地就由于过度放牧、缺乏保护和水土流失被毁坏掉。毫无疑问，在这件事情上，每个牧民只是考虑自己的最大利益，而他们的整体作用却使全体牧民破了产。每个人追求个人利益最大化的最终结果是不可避免地导致所有人的毁灭——这种合成谬误被哈丁称之为"公地的悲剧"。

政府是民主国家民工利益的代言人，是社会公共利益的代表。某一个具体企业增加消耗一份能源，增加排放一份废弃物，短期内可能没有明显感觉，但如果所有企业都这样做，长期这样做，全人类赖以生存的环境可能就会成为人类的坟墓。作为社会公共利益的代表，政府有义务站到节能减排的最前列，倡导可持续发展理念，引导节能减排行为，制定节能减排制度，谋求适合人类生存的良好环境。

二、政府是环境生产要素的所有权人

环境生产要素是自然的产物，是全人类和其他一切生物生存和发展的基本资源，具有强公共性和重大社会影响性，属于全社会公有。在当代社会条件下，作为社会民众的集合体，国家对这种公共资源掌握所有权具有明显的合理性。从经济学角度来讲，环境生产要素化以后，由于其可销售性，对环境的管理难度会更加明显，让私人部门来掌握环境权利是难以做到的也是极不负责任的。当今世界几乎没有哪一个国家不把环境生产要素作为国家资源来对待。对于公共性明显的环境，萨克斯认为：第一，由于像大气及水这种一定的利益对全体市民来说是至关重要的，所以将其视为私有权的对象是不明智的。第二，与其说大气及水是每个企业的私有财产，不如说更多的是大自然的恩惠，因此，不论个人的经济地位如何，所有市民都应能够对其自由地使用。第三，不能为了私人利益而将公共财产由可以广泛、普遍使用的状态重新分配为受限制的东西，而增进一般的公共利益是政府工作的主要目的。

政府借助环境生产要素的所有权人地位，可以站在社会公共利益和长治久安的立场上，对环境生产要素作出较为公正的安排，激励节能减排工作。正如上一章所讲的，可以采用国家所有、租赁性市场化管理，引导节能减排。

三、政府在节能减排机制中处于重要的调控地位

单纯市场机制不能形成有效的节能减排效果。这是历史证明了的。在纯粹市场机制条件下，环境公共物品不能正常销售而获得成本回收和利润，人们不需要支付费用就可以得到使用它的福利，所以，这一类物品就不能得到正常生产、维护，即市场失灵。市场失灵的概念，最初是由美国学者弗朗西斯. M. 巴托于 1958 年提出的，认为在"公共产品"、"外部性"、"市场垄断"、"不确定性"等方面，市场优胜劣汰的竞争机制、价格调节机制等失去效应是指资源配置达不到帕累托效率的状态。

当市场机制这只"看不见的手"在生态环境问题上无能为力，政府就运用"看得见的手"给予协调和控制。政府的协调和控制的必要性源于市场失灵，目的在于矫正市场失灵。但是，政府效果如何呢？人们发现，政府手段往往不能改正"市场失灵"，有时甚至会把市场进一步扭曲，出现"政府失灵"。"政府失灵"最早是由以布坎南为首的公共选择学派于 20 世纪 70 年代提出的，主要指政府的行动不能增进经济效率或政府在资源配置上存在着失当性。引起政府失灵的原因主要有：信息不足、政策时滞、公共决策具有局限性、政策作用对象的理性反应、寻租活动和政府目标函数的非利润最大化。

我们认为，政府失灵是管不好、效率低、有副作用的问题，市场失灵是市场根本不起作用，不去管理的问题，体现在市场不会自发对企业节能减排提出需求，企业也不可能在市场无需求的情况下牺牲利益进行节能减排。科斯定理及其他最新研究表明，市场只在它所赖以运行的基本制度框架内运行并体现出公平和效率，而这种制度需要政府去设定，去维护，政府做这些，非常重要，而且只做

这些就够了。这要求政府和市场紧密合作，形成二者联合管控的节能和减排模式。

由于保护环境，节能减排问题既会面临"市场失灵"，又会面临"政府失灵"，所以，在设计节能减排及环境保护的政策手段时，既要防止"市场失灵"，又要防止"政府失灵"，应当努力寻求市场机制与政府干预有机结合。政府对市场机制不能袖手旁观，但也不能管得过细、太多，而应该是政府保持比较合适的宏观调控地位和作用。

第二节　基于环境生产要素理论的节能减排制度框架

在市场机制自动发挥配置环境生产要素，收取耗能排放的基本费用形成环境补偿基金的基础上，政府借助其公共管理者和资源所有者的双重身份，对环境生产要素市场的供给量和供给价格进行干预，使之符合社会环境管理目标，同时又不至于明显影响社会经济发展。具体调控手段和调控目标将在本章第四节进行具体论述。

基于环境生产要素理论的节能减排制度的核心是政府调控的环境生产要素市场所能发挥的成本倒逼机制。环境生产要素化管理要求企业生产必须先行购置与其排放数量相适应的环境要素，一旦企业将购买的环境生产要素消耗完，就必须从市场增加购买，否则不允许开工生产。企业购买环境要素的过程就是企业为能源消耗和污染物排放支付费用的过程，这笔费用由市场筹集以后形成环境补偿的专项基金。企业付费购买环境要素必须纳入企业成本核算，这就自然而然地将排放外部成本记入企业私人成本了，实现了外部成本内部化。这是环境生产要素市场最突出的优势，这种内部化不是政府强制的，也不是由政府认为确立标准的，而是由市场机制自动实现，由市场确定其数量和价格，具有客观性和公正性（见图6-1）。

企业购买环境生产要素形成的费用是对现行排污费的替代而不是叠加，所以，短期内企业生产成本不会因为生产要素购置出现明显增加，但由于付费方式的转变和自己付费的市场灵活性、可控性，

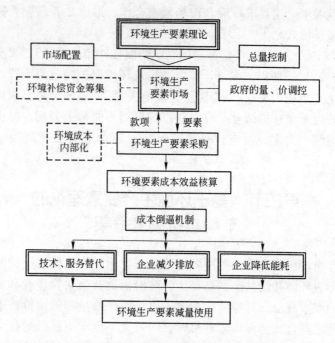

图 6-1   基于环境生产要素理论的节能减排机制框架

企业会把节能减排自觉纳入企业内部管理，主动向节能减排方向靠拢。只要有利可图，企业会在长期致力于改进生产工艺，购置新型生产设备和减排设备，精细化能源消耗管理，做好废弃物回收利用与无害化处理，减少环境生产要素开支。我们在下一节具体分析企业的成本倒逼机制，而在第八章将详细分析企业对基于环境生产要素理论的节能减排机制的影响情况。

第三节   政府-市场联合管控的节能减排
制度运作的成本倒推机制

一、环境生产要素理论的绿色会计核算意义

环境生产要素理论蕴含着简便的绿色会计思想，可以方便地实

现环境成本的会计计量。当前的绿色会计研究多数强调环保性费用和设备设施投资支出的独立核算，在会计报告中对排放物和环境破坏进行说明，并强调绿色会计的独立性和新兴学科性，人为拉开了现行会计制度和绿色会计的距离，不利于环境作为普通生产要素的性质的体现，不利于经济核算体系与环境体系的融合。在对绿色经济核算的研究中，除了排污费和一些比较明显的污染物处理设备等的开支可以直接核算以外，其他一些微观主体环境影响、宏观领域的环境危害损失都难以计量核算。

环境生产要素理论基础上的经济核算是在环境生产要素的市场价格基础上进行的。市场价格也许不是能承载可持续发展战略和环境对经济活动参与的全貌，但它至少是当前市场经济体制下，世界各国公认的统计核算依据，是基本的环境经济运行信号，可以获得世界各国、地区和各行业、企业间进行比较的一致性。市场价格也许不是环境价值的准确体现，但它至少可以反映某地区在一定时期内的环境禀赋，或说环境质量状况，借助环境生产要素供应量的调整，保证将经济活动限定在一定满意度的环境消耗量之内。市场价格是由一定地区在一定时期内的环境资源禀赋和环境生产要素需求共同决定的。环境禀赋良好，环境生产要素供应数量多，其市场价格或说企业耗用成本就低一些，反之，环境生产要素供应数量少，市场价格也就是企业耗用成本就高一些。同样的环境，在不同地区和时间市场所反映出的"价值"可能不同，环境价格高的地区，说明环境生产要素需求量大于供给量，说明该地区能耗和排放接近或超过环境容量，必须给予高度关注。环境价格低的地区，说明环境生产要素供求关系协调，说明该地区经济活动耗用环境生产要素较少，环境禀赋丰富，绿色资源优势突出。这与技术、劳动等生产要素的供求和价值差异没有区别，不是不公平，而恰恰是一种公平。地区技术禀赋、劳动力禀赋状况反映在技术市场和人力资源市场的价格中，形成了该地区微观和宏观经济核算时的技术成本或人力资源成本的高低，没有厂商为此感到不妥。地区环境禀赋状况反映在环境生产要素市场的价格中，形成该地区微观和宏观经济核算时的环境成本的高低，也不应有厂商为此感到不妥。环境必须要维持人类和其他生物的基本生存条件，这是一道环境生产要素耗用的最基本防线。因为环境生产要素供求紧张，核算成本太高，厂商可以减少耗用，可以采用生产要素替代，也可以到环境生产要素供应量充裕的地区开展经济活动。

从理论上讲，传统对绿色会计问题的研究，往往将绿色会计看成一个独立学科，一个对现行会计进行批判后出现的一个新会计种类，而没有认识到现行会计也是在不断随外部社会、经济等发展而不断发展的，其内容的广度和深度也是在不断增加。环境生产要素理论的出现，为传统会计核算注入了新的内容和理念，使得会计核算把全部环境生产要素耗用和环保性支出全部核算进去了，形成了会计核算的绿色化。

环境生产要素化后，无论是资源消耗还是环境污染都已经成为企业生产成本的一部分，原本无法计量的环境成本都被记录在会计账簿上可供查询，为实现 GDP 所消耗的资源与环境都以确定的数字被计量，从而解决了实施绿色 GDP 的关键问题。此外，环境生产要素化，使得原本应由政府负担的社会成本转化为企业的内部成本，不仅可以促使企业家们减少污染排放量，积极引进低耗能高产出的节能设备，使短期经济利益与长期效益相结合，而且维护了传统的业绩评价体系，便于基于环境生产要素理论的绿色 GDP 核算体系。

二、基于环境生产要素理论的节能减排机制中的会计成本核算

在节能减排机制中，环境中的能源、材料等物的部分的消耗已经在传统会计中得到反映，在其消耗过程中产生的环境破坏影响也可以在环境容量变化中得到体现，所以，其不足以抵偿环境损失的部分可以在会计成本核算中得到体现。任何一个企业都要占用和消耗环境容量，向环境排放废弃物和施加影响，差别在于排放物不同，排放量的大小不同。企业进行环境生产要素交易的目的主要是维持正常生产，也有少数企业以此为投资对象，获取差额收入。但从当前市场发展程度来看，主要还是以保证生产为主。因此，环境生产要素交易的会计处理主要是反映环境生产要素的购入、耗用和转让以及环境生产要素市场价格的变化导致的环境生产要素交易损益的

会计处理。

（一）环境生产要素的成本确定方法

《企业会计准则——存货》规定，存货是指企业在正常生产经营过程中持有以备出售的产成品或商品，或者为了出售仍然处于生产过程中的在产品，或者将在生产过程或提供劳务过程中耗用的材料、物料等。显然，环境生产要素属于非物质性存货。企业环境生产要素的取得，主要通过外购的途径。环境生产要素的成本包括购置成本和其他成本。其中，购置成本一般包括购置价格和增值税等税金。其他成本是指为取得环境生产要素而发生的除购置成本外的交易成本。由于环境生产要素属于环保性支出，建议对环境生产要素征收零税率的增值税。

对于通过非货币性交易、投资者投入、债务重组、接受捐赠和盘盈等方式取得的环境生产要素，其成本的确定方法如下：

（1）投资者投入的环境生产要素，按照投资各方确认的价值作为实际成本。

（2）通过非货币性交易换入的环境生产要素，按照换出资产的账面价值，减去可以抵扣的增值税进项税额，加上应支付的相关税费减去补价后的余额，作为实际成本。

（3）企业接受的债务人以非现金资产抵偿债务方式取得的环境生产要素，或以应收款项换入环境生产要素的，按照应收债权的账面价值减去可抵扣的增值税进项税额后的差额，加上应支付的相关税费，作为实际成本。

（4）接受捐赠的环境生产要素，应当按凭据上标明的金额加上应支付的相关税费作为实际成本；捐赠方没有提供有关凭据的，参照同类环境生产要素的市场价格估计的金额加上应支付的相关税费，作为实际成本。

（5）盘盈的环境生产要素，应当按照同类环境生产要素的市场价格作为实际成本。

（二）取得环境生产要素的核算

鉴于环境生产要素自身的特征，除专门的投机商外，一般企业的环境生产要素采购业务不会经常发生。因此本文建议按照环境生产要素的实际价格进行核算，单设"环境生产要素"科目，核算企业的环境生产要素交易事项。

1. 购入环境生产要素的核算

企业购买环境生产要素，根据发票账单等结算凭证确定的环境生产要素成本，借记"环境生产要素"科目，根据取得增值税专用发票上注明的税额，借记"应交税金——应交增值税（进项税额）"科目，按照实际支付的款项或应付票据面值，贷记"银行存款"或"应付票据"科目。

2. 投资者投入、接受捐赠取得环境生产要素的核算

投资者投入的环境生产要素，按投资各方确认的价值，借记"环境生产要素"科目，按专用发票上注明的增值税额，借记"应交税金——应交增值税（进项税额）"科目，按确定的出资额，贷记"实收资本（或股本）"科目，按其差额，贷记"资本公积"科目。

企业接受捐赠的环境生产要素，按会计制度及相关准则的规定确定的实际成本，借记"环境生产要素"科目，一般纳税人按可抵扣的增值税进项税额，借记"应交税金——应交增值税（进项税额）"科目，按接受捐赠环境生产要素的价值，贷记"待转资产价值——接受捐赠非货币资产价值"科目，按实际支付或应付的相关税费，贷记"银行存款"、"应交税金"等科目。

（三）耗用和出售环境生产要素的核算

企业生产经营耗用环境生产要素，按照实际成本，借记"生产成本"、"制造费用"、"营业费用"、"管理费用"等科目，贷记"环境生产要素"科目。

对于企业向外转让的环境生产要素，按照已收或应收的价款，借记"银行存款"或"应收账款"科目，按实现的营业收入，贷记"其他业务收入"等科目，按应交的增值税额，贷记"应交税金——应交增值税（销项税额）"科目，月度终了，按出售环境生产要素的实际成本，借记"其他业务支出"科目，贷记"环境生产要素"科目。

（四）延展环境生产要素的核算

环境生产要素有不同的使用期限，企业购买环境生产要素必须在使用期限内使用或转让，过期的环境生产要素不得在市场中流通。如果预计原有短期环境生产要素在到期日会有结余，企业可以在到期前两个月到环管机构申请延展该环境生产要素的使用期限。延展期限不得超过原环境生产要素的使用期限，即1年期环境生产要素到期后请求延展，延展期最长不得超过1年，同一环境生产要素请求延展次数不得超过2次。5年期和10年期环境生产要素不得延展。

对于延展后的环境生产要素，借记"环境生产要素——已延展"科目，按照该环境生产要素的账面剩余价值，贷记"环境生产要素"科目，并按照为延展而支付的实际费用，贷记"银行存款"科目。

三、节能减排机制中的会计成本核算示例

假设新盛彩管有限公司是一家以生产彩管为主要业务的企业。公司于2012年1月1日成立，以5万元购入1年期环境生产要素COD 10吨。2012年该公司发生了下列业务：

2012年1月，自鸿文造纸厂购入环境生产要素COD 200吨，为期2年，转让费为150万元，已用银行存款支付；

2012年2月，自染料化工厂购入环境生产要素SS 100吨，为期1年，转让费为10万元，尚未支付；

2012年3月，支付上月应付染料化工厂环境生产要素转让费；

2012年4月，自大港印花厂购入环境生产要素Cu 0.16吨，Ni 0.2吨，为期1年，转让费为70万元，已用商业汇票支付；

2012年10月，该公司为节省环境生产要素购置费，购入一套一体化污水处理设备，购置成本为100万元，设备使用期限为10年，按直线折旧法计提折旧（与税法的折旧计提方法一致），期末残值为10万元；

2012年12月，向浦江漂洗厂转让为期2年的COD环境生产要素50吨，转让费为40万元，尚未收到账款。

2012年共消耗COD环境生产要素119吨，SS 95吨，Cu 0.148吨，Ni 0.127吨。具体耗用情况见表6-1。

表 6-1　　2012 年新盛彩管有限公司各月使用环境生产要素情况一览表（吨）

月　份	COD	SS	Ni	Cu	合　计
1 月	5	—	—	—	5
2 月	8	8	—	—	16
3 月	9	8	—	—	17
4 月	12	10	0.015	0.01	22.025
5 月	12	10	0.02	0.011	22.031
6 月	10	8	0.02	0.014	18.034
7 月	10	10	0.017	0.015	20.032
8 月	12	9	0.015	0.011	21.026
9 月	12	9	0.013	0.016	21.029
10 月	9	8	0.02	0.02	17.04
11 月	10	8	0.018	0.015	18.033
12 月	10	7	0.01	0.015	17.025
合　计	119	95	0.148	0.127	214.275

　　假定购买环境生产要素的增值税税率按 0% 计算，消耗的环境生产要素计入企业生产成本，允许税前抵扣，且因转让环境生产要素而获得的收入免征企业所得税。则在环境生产要素的会计核算体系下，该公司的交易核算过程如下。

　　（1）2012.1 购入环境生产要素 COD 10 吨时的会计分录如下：

　　　　借：环境生产要素——COD　　　　　　50 000

　　　　　　贷：银行存款　　　　　　　　　　　50 000

　　（2）2012.1 由鸿文造纸厂购入环境生产要素 COD200 吨时的会计分录如下：

　　　　借：环境生产要素——COD　　　　　1 500 000

　　　　　　贷：银行存款　　　　　　　　　　1 500 000

　　（3）2012.2 由染料化工厂购入环境生产要素 SS100 吨时的会计分录如下：

　　　　借：环境生产要素——SS　　　　　　100 000

　　　　　　贷：应付账款——染料化工厂　　　　100 000

（4）2012.3 支付上月应付染料化工厂账款：

  借：应付账款——染料化工厂　　　　　100 000

   贷：银行存款　　　　　　　　　　　　100 000

（5）由大港印花厂购入环境生产要素 Cu 0.16 吨、Ni 0.2 吨时的会计分录如下：

  借：环境生产要素——Cu　　　　　　　300 000

   环境生产要素——Ni　　　　　　　400 000

   贷：应付票据　　　　　　　　　　　　700 000

（6）2012.10 购入环保设备 100 万元时的会计分录如下：

  借：固定资产——减污环保资产（一体化污水处理设备）

             1 000 000

   贷：银行存款　　　　　　　　　　　　1 000 000

按月计提折旧时，

  借：制造费用　　　　　　　　　　　　　90 000

   贷：累计折旧　　　　　　　　　　　　90 000

  折旧额 =（1 000 000 – 100 000）/10 = 90 000 元／年

（7）2012.12 向浦江漂洗厂转让 50 吨 COD 环境生产要素时的会计分录如下：

  借：应收账款——浦江漂洗厂　　　　　400 000

   贷:其他业务收入——环境生产要素 COD　400 000

月末结转成本：

  借：其他业务成本——环境生产要素 COD

   （1 500 000 ÷ 200 × 50）　　　　　375 000

   贷：长期环境生产要素——COD　　　375 000

（8）2012 年度耗用环境生产要素的会计核算。对 COD 环境生产要素使用加权平均法计算成本，其他种类的环境生产要素按照实际购买的单位价格计算。

COD 单位成本 =（50 000 + 1 500 000）÷（200 + 10）≈ 7 381 元／吨

SS 的单位成本 = 100 000 ÷ 100 = 1 000 元／吨

Ni 的单位成本 = 400 000 ÷ 0.2 = 2 000 000 元／吨

Cu 的单位成本 = 300 000 ÷ 0. 16 = 1 875 000 元／吨

各月成本核算如下：

1 月，借：生产成本 36 905

        贷：环境生产要素——COD　（7 381 ×5）36 905

2 月，借：生产成本 67 048

        贷：环境生产要素——COD　（7 381 ×8）59 048

            环境生产要素——SS　　　（1 000 ×8）8 000

3 月份会计分录同上；

4 月，借：生产成本 146 697

        贷：环境生产要素——COD　（7 381 ×12）88 572

            环境生产要素——SS　　　（1 000 ×10）10 000

            环境生产要素——Ni　（2 000 000 ×0. 01）20 000

            环境生产要素——Cu　（1 875 000 ×0. 015）28 125

5 月份至 12 月份会计分录如上，各月成本按照实际耗用量计算。

此外，若该企业在 2010 年 2 月底之前，环境生产要素（SS）仍有剩余，且没有转让意向，则应于 2010 年 2 月 28 日之前，到环管机构办理环境生产要素（SS）的延展手续，否则剩余部分的 SS 环境生产要素将作废，不得使用及流通。假设到期后，有 5 吨环境生产要素需延展，交易费用为 200 元，该笔事项的会计分录如下：

        借：环境生产要素——延展环境生产要素（SS）5 200

          贷：环境生产要素——SS　　　（1 000 ×5）5 000

            银行存款 200

四、环境生产要素成本效益核算在报表中应披露的事项

（一）资产负债表

1. 增设"环境生产要素"科目

该科目反映企业为正常生产向外排放废弃物而支付的环境生产要素使用费。环境生产要素后可以根据企业具体的排放物再设置下一级明细科目。

2. 在"其他应收款"和"其他应付款"项目上均设置"环境生产要素"项目

该明细科目反映企业在环境生产要素交易中的交易余额。这个项目是根据"环境生产要素"科目的余额填列。

3. 在补充资料中增设项目

在补充资料中增设以下项目：

（1）"环境生产要素期末数额——"项目，并分别按照不同种类的环境生产要素细列，反映企业各期期末各种环境生产要素的数量、价格。

（2）"本年购入环境生产要素的账面价值——"项目，反映企业向环境资源管理委员会或者环境生产要素交易市场购入环境生产要素的账面价值，按照环境生产要素的种类分别列出。

（二）损益表

在"其他业务收入"和"其他业务支出"项目下设置"环境生产要素"项目，反映企业在环境生产要素二级市场（流通市场）中进行环境生产要素交易的情况。其差额表示企业进行环境生产要素交易实现的损益。该差额可能为正，表示企业通过环境生产要素交易获得的收益；也有可能为负，表示企业转让环境生产要素的价格低于购入时的历史价格，形成损失。

第四节　政府-市场联合管控的节能减排机制的宏观引导与调控

自由市场经济存在着诸多弊端，已经被历史证明必须进行改良。对国民经济的市场运行机制进行间接宏观调控是政府的基本社会性职责。常见的宏观调控手段包括财政性政策、货币性政策、收入分配性政策等等。但是这些政策都是经济系统本身的政策，很难作用到环境系统，无法调整经济系统与环境系统之间的关系，可持续性差，最终会因环境的枯竭而导致政策实施的困境甚至失效。同时，宏观调控政策本身也不是封闭的，除了以上政策外，其他许多有关经济和社会全局的经济子系统可以成为宏观调控政策的手段和着力点，以影响和带动整个系统。政府-市场联合管控的节能减排机制可以通过环境生产要素市场子系统发挥宏观引导与调控作用。

一、节能减排机制的环境-经济两系统协调调控机制

环境生产要素是联结经济系统与环境系统的纽带，也是节能减排机制的作用起点。借助环境生产要素市场，节能减排机制可以调整两大系统之间的关系，落实可持续发展战略，如图6-2所示。

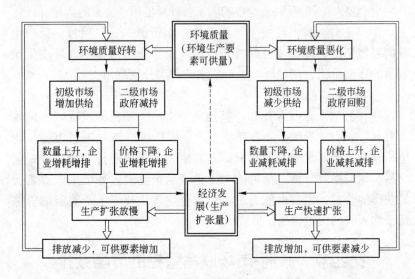

图6-2   环境生产要素市场机制对环境-经济系统的自动协调调控效应示意图

（一）环境-经济系统协调调控的目标

环境-经济系统协调调控的目标实质上就是可持续发展，他可以拆分为两个方面。第一个方面，就是在确保环境质量良好，不出现严重环境污染和生态问题的基础上，实现经济的快速发展；第二个方面，就是在生产持续增长的同时，减少对资源和生态的破坏，减少污染排放，维护良好的自然环境质量。通俗地说，就是既要经济增长，又要环境质量。

（二）环境-经济系统协调调控的手段

环境生产要素交易市场提供了两个环境-经济系统协调调控手段。

（1）环境生产要素供给量调控手段。这是一种比较直接的手段

类型。环境生产要素是任何经济主体进行经济活动都必须消耗的要素类型，没有环境生产要素，企业无法开工生产。政府是环境生产要素初级市场上唯一的供给者，也可以在二级市场上调整供给量，从而牵住企业的"牛鼻子"，调控企业的生产规模，也就是调控企业的环境和生态破坏、污染物排放行为。环境生产要素供给量调控手段可以按照作用的市场层级具体区分为两类：初级市场增加/减少环境生产要素供给量手段和二级市场政府减持/回购环境生产要素手段。

（2）环境生产要素价格调控手段。这是一种比较间接的手段类型。环境生产要素价格高低直接影响企业的生产成本，从而影响企业的生产规模（环境和生态破坏、污染物排放规模）和节能减排积极性。环境生产要素价格调控手段也可以按照作用的市场层级具体区分为两类：初级市场环境生产要素配售价格手段和二级市场政府引导（基准价格调整、减持/回购价格和数量影响等）环境生产要素价格手段。

（三）环境-经济系统协调调控的类型及其运行

1. 自动稳定型环境-经济系统协调调控政策

这是最典型的无需外力的自动调控情形。在健全的环境生产要素市场机制下，环境质量好转，政府就会在初级市场上增加环境生产要素供给量，在二级市场上减持库存的环境生产要素，同时调低和引导降低环境生产要素价格，企业获得充足的环境生产要素，降低环境生产要素消耗成本，生产规模扩大。但生产扩张以后，会导致环境破坏加剧，排放量增加，环境容量被过多占用，出现环境恶化的局面。环境恶化以后，只能提供较少的环境生产要素，并导致环境生产要素价格上升，企业生产规模因环境生产要素减少和成本上升，开始压缩生产，减少环境破坏和污染排放，环境质量会因此而逐步好转。参见图6-2。对于高能耗、高排放企业和产业，这种效果尤其明显。

基于健全的环境生产要素市场机制的这种环境-经济系统自动协调调控效果是环境生产要素理论的重要优势所在。其他的环境管理理论和措施都难以发挥这种作用。只要制度健全了，环境生产要素市场按照常态正常运转即可出现这种效果，无需政府和其他组织进行额外的干预。在正常的环境-经济状态下，这种政策会平稳运行，环境生产要素供应量和价格不会大起大落，环境质量和经济发展也会比较稳定。即使有小的波动，环境生产要素市场也会自动熨平这种波动。所以，这是一种常态政策类型，也应该是最常见的政策。

2. 环境主导型环境-经济系统协调调控政策

在环境与经济出现明显不协调的时候，需要考虑政府的强势干预。当环境问题突出，人类生活和生产受到威胁的情况下，应当考虑采用环境主导型环境-经济系统协调调控政策。主要表现为政府超常规缩减环境生产要素发行量，提高环境生产要素发行价格，大量高价回购在二级市场上流通的环境生产要素，借助市场间接向企业施加环境压力，迫使企业压缩生产，改进技术，减少环境破坏和污染排放，以尽快恢复环境容量，提高环境质量。

3. 经济主导型环境-经济系统协调调控政策

经济主导型环境-经济系统协调调控政策是在经济萎缩条件下采用的另一种政府强势干预政策类型。主要表现为政府尽可能多地增加环境生产要素发行量，降低环境生产要素发行价格，在二级市场上大量低价抛售所持有的环境生产要素，借助市场间接鼓励企业扩大生产，以恢复经济的增长能力。经济主导型政策要注意适度，不能以破坏环境为代价，造成难以收拾的局面。

4. 基于环境生产要素市场的环境-经济系统协调调控政策手段运作配合

在以上各种政策的运作过程中，环境生产要素的数量手段和价格手段并不必然都是同向配合的。一般来说，环境生产要素供给数量上升而价格下降的手段组合符合一般市场规律，在自动稳定型政策中是自动联合发挥作用的，但在实施经济主导型政策时，应根据经济形势和环境质量的具体情况，决定采用其中一种手段而另一种保持不变，还是组合采用。供给数量不变而价格下降的手段组合比较稳妥，不会带来严重的环境问题，建议经常使用，但供给数量上升而价格不变的手段组合则是比较危险的，可能会带来环境生产要素超量使用导致的环境污染问题。供给数量上升而价格下降的组合则根本不应采用，其后果是致命的。同理，环境生产要素供给数量下降而价格上升的手段组合也是自动稳定型政策中自动联合发挥作用的一种状态，也可以在强烈的环境主导型政策中采用，但供给数量不变而价格上升的组合则更温和一些，适于一般性环境主导型政策采用，供给数量下降而价格不变的组合也可以采用。数量下降，价格也下降的手段组合则一般不会出现。

二、节能减排机制的宏观经济调控机制

在节能减排机制运行过程中，政府可以引导环境生产要素市场，实现经济生产总规模调控和经济内部结构调控功能，如图6-3所示。

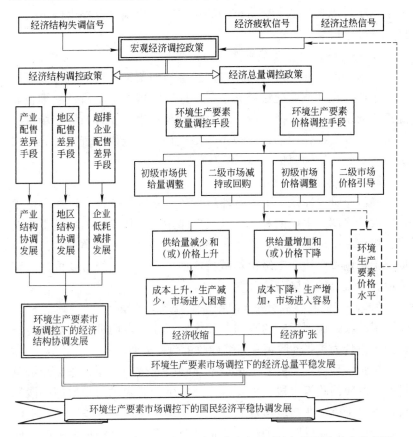

图6-3　环境生产要素市场机制对经济系统内部的政府间接调控效应示意图

（一）节能减排机制的宏观经济调控目标

从总体上来说，环境生产要素市场基础上的节能减排机制的宏

观经济调控目标与财政货币政策调控的目标是一致的，表现为经济增长、物价稳定、充分就业和国际收支平衡。从具体作用对象的角度来看，可以归结出两个具体目标：经济生产总规模协调平稳增长和经济内部结构协调平稳发展。环境生产要素市场，可以协调经济过热和经济萎缩两种极端情况，并贯彻国家的经济结构调整政策，实现国民经济整体的平稳协调发展。

（二）节能减排机制的宏观经济调控的手段

基于环境生产要素交易市场的节能减排机制可以提供以下宏观经济调控手段。

1. 经济结构调整政策手段

环境生产要素交易市场在贯彻经济结构调整政策方面可以运用三个手段，包括产业配售差异手段、地区配售差异手段、超排企业配售差异手段。这三个手段一般是借助环境生产要素初级市场供给量来实现并发挥作用的，一般不会出现初级市场供给价格差异。二级市场对经济结构调整一般也不会有特殊影响。

2. 经济总量调控政策手段

经济总量调控政策手段有环境生产要素数量调控手段和环境生产要素价格调控手段两种，按其发挥作用的市场又分为环境生产要素初级市场手段和二级市场手段，具体包括四个手段类型：初级市场供给量调整手段，二级市场减持或回购手段，初级市场价格调整手段，二级市场价格引导手段。

（三）节能减排机制的宏观经济调控政策类型

根据政策作用指向的不同，环境生产要素市场机制的宏观经济调控政策分为扩张性政策和紧缩性政策两种类型。

扩张性环境生产要素政策是指能够引起生产产能扩张、经济总量增加效应的政策手段，主要是指环境生产要素供给量增加手段和价格下降手段。在初级市场和二级市场均可实现。环境生产要素供给量增加，企业可购置消耗的数量就会上升，在直接扩大生产的同时，还可以适度替代其他受限制的生产要素，间接刺激生产。环境生产要素价格下降，直接降低企业的生产成本，增加企业利润，进而优化企业资金流转和再生产能力，促使生产规模扩大。这些政策可以起到扩张经济总量的效果。

与扩张性政策相反,紧缩性环境生产要素政策是能够引起生产产能紧缩,经济总量减少效应的政策手段,包括环境生产要素供给量减少手段和价格上升手段。其作用发挥原理和过程与扩张性政策刚好相反,不再具体说明。

供给量减少手段与价格上升手段相配合,是一种强紧缩性环境生产要素政策组合,对经济总量的压缩效果非常明显;单纯采用供给量减少手段或价格上升手段,另一个手段不变,是一种弱紧缩性政策组合,对经济总量的压缩作用比较柔和。供给量增加手段配合价格下降手段使用,构成强扩张性环境生产要素政策组合,可以显著地刺激和推进经济总量扩张;其中一个手段不变,单纯采用供给量上升手段或价格减少手段,则形成弱扩张性政策组合,对经济总量的扩张作用比较柔和。

(四) 节能减排机制的宏观经济调控相机抉择性

在节能减排机制运行过程中,环境生产要素市场机制的宏观经济调控需要由政策当局根据情况进行相机抉择。

如图6-3所示,当经济社会出现经济过热的信号时,可以采用紧缩性环境生产要素政策减少市场供应量和抬高市场价格,经济过热的程度不同,紧缩性政策选用的强弱可以不同。环境生产要素供应量减少和(或)市场价格提高,会导致企业可消耗环境生产要素受到限制,生产成本上升,新兴企业市场进入困难,企业排放减少,生产也减少,经济总量收缩。当经济社会出现经济疲软的信号时,可以采用扩张性环境生产要素政策增加市场供应量和降低市场价格,经济疲软的程度不同,扩张性政策选用的强弱也可以不同。环境生产要素供应量增加和(或)市场价格降低,会刺激企业消耗环境生产要素进行生产扩张的积极性,生产成本下降,新兴企业市场进入容易,企业排放增加,生产也增加,经济总量扩张。

环境生产要素价格是重要的调控手段,同时也可以作为经济总量发生变动的一个信号。环境生产要素价格持续虚高,可能是经济出现过热的信号,环境生产要素价格持续走低,则可能预示着宏观经济形势正在走向疲软。

第七章

节能减排意识与企业发展战略

第一节 节能减排与企业社会环境责任

一、社会环境责任的由来

(一) 企业社会责任运动的兴起

从 20 世纪 60 年代的高速发展时期起，全世界尤其是发达国家的物质生产能力大大增加。各国相继进入了物质产品非常丰富的"大众消费社会"。在巨大的消费需求带动下社会经济快速发展，"大量生产、大量消费、大量废弃"被看成是经济发展的推动力。结果导致了资源的过量消耗和环境的恶化，这种资源浪费型和环境破坏型生产方式使人类社会的发展难以为继。人类开始面临人口猛增、粮食短缺、能源紧张、资源破坏和环境污染等问题。日益恶化的环境，生态危机的逐步加剧，经济增长速度下降，这样一系列的问题，迫使人类开始审视自己在生态系统中的位置，并努力寻求经济发展和长期生存的道路。

企业通过生产经营和市场交换不断满足社会需求，并追求利润最大化。但是，企业始终离不开社会这个共同体，只有在社会中才能完成交换，才能实现自己的最终目标——获取利润。因此，它必须尽一些社会责任。"企业社会责任运动"开始兴起，它号召企业在创造利润、对股东承担责任的同时，还要对员工、消费者、社区、国家和环境承担责任。它要求企业必须转变把利润作为唯一目标的传统理念，强调再生产过程中对人的价值的关注，强调对消费者、对环境、对社会的责任和贡献。在国际上，是否履行社会责任已经成为企业能否进入全球市场的关键。近年来，跨国公司巨头，比如沃尔玛、家乐福、通用电气等，开始在订单中加上社会责任的条款，要求企业必须通过社会责任的审核才能进入电子订单系统。

(二) 环境问题的提出

到了 20 世纪 70 年代后期，经过进一步的广泛讨论，人们基本上达到了一个比较一致的结论，即经济发展可以不断地持续下去，但必须对发展加以调整，即必须考虑发展对自然资源的最终依赖性。

环境问题如不解决，人类将生活在幸福的坟墓之中。

近年来，有关人类生存环境保护的话题越来越多，见诸媒体的不祥消息频率似乎越来越高。地球温室效应、核辐射、植被沙化、淡水污染、城市废气，是大自然向人类敲响的声声警钟。环境问题，你只要不予重视，那就一定会受到惩罚！看看我们周围的街市小区、田野村庄、山川河流，它们被破坏、被污染、被侵害的现状，就可以明白：我们已经在或多或少、或轻或重地受到惩罚了。

造成生态和环境破坏的原因虽然是多方面的，但主要的污染源头是企业。在环境问题中，企业作为经济生活主体扮演了污染环境和破坏环境的主体，对环境问题的形成确实难辞其咎。事实上，大量消耗资源，造成环境污染和生态破坏的大部分人类活动，主要是以企业为主体有组织地发生的。企业使用自然资源及各种能源，为消费者提供产品或服务，产生污染物和废弃物。据估计，我国工业企业污染约占总污染的70%，有的企业的废料流失率高达86%。这其中有企业管理存在的问题，但企业社会责任的缺失也是其中不可忽视的原因。由于缺乏可持续发展的社会责任，企业没有自觉地控污减排的意识，在很大程度上加剧了我国环境与资源的压力。

随着环境问题的加剧，企业社会责任的内容也开始产生了新的发展。企业为人们提供消费的产品和服务，企业生产经营产生的外部不经济性，把负担转嫁给整个社会，企业的发展与环境问题的产生和恶化有着非常密切的关系。这时的企业社会责任，已经不仅仅局限于企业的道德责任，不再局限于企业的慈善事业，人们开始反思环境责任应当也必须成为企业社会责任的重要方面。

（三）可持续发展概念的提出

1987年4月27日，世界环境与发展委员会发表了一份题为《我们共同的未来》的报告，提出了"可持续发展"的战略思想，确定了"可持续发展"的概念。所谓"可持续发展"，就是"既满足当代人的需要，又不对后代人满足其需要能力构成危害的发展"。1991年11月，国际生态学联合会（INTECOL）和国际生物科学联合会（IUBS）联合举行了关于可持续发展问题的专题研讨会。该研讨会的成果发展并深化了可持续发展概念的自然属性，将可持续发展定义为"保护和加强环境系统的生产和更新能力"，其含义为可持续发展是不超越环境、系统更新能力的发展。2002年，联合国正式推出《联合国全球协约》（UN Global Compact）。协约共有九条原则，其中关于环境方面的原则有三条：企业应对环境挑战未雨绸缪；主动增加对环保所承担的责任；鼓励无害环境科技的发展与推广。

可持续发展概念的提出彻底改变了人们的传统发展观和思维方式。人们开始强调企业对环境危机的责任，企业是赚钱的工具，但绝不是无血无肉无情无义的工具，一个企业成功与否，不能把利润作为唯一的标准，企业还必须承担起社会和环境所赋予的责任。"我们欢迎企业去开发，但是我们不能越开发越穷。"在全国政协分组讨论会上，来自新疆的胡志斌委员说。当前，一些资源输出地开发面临着严峻的环境污染挑战。"环境污染等许多企业经营管理者'导演'的触目惊心的人间悲剧被曝光后，提示了企业社会责任的严重缺失，也表达了民众要求企业履行社会责任的呼声。"全国政协委员李立新说。企业不仅是经济实体，更是一个伦理实体。企业向社会提供产品，提供服务，也要提供良好的环境，这就是企业应该尽的社会责任。换句话说，企业必须做好环保。因为这是一项"利在当代，功在千秋"的大事，关系到国计民生的大业，理应成为企业义不容辞自觉履行的社会责任。

中科院近日发布的《2010 中国可持续发展战略报告》国内资源环境问题列为我国新时期可持续发展主要面临的三重挑战之一。越来越多的人开始关注企业对环境危机的责任，提倡以生态为中心进行企业管理，并提出如何进行危机预处理、危机管理和危机后修复，以及企业需要承担哪些社会环境责任。

（四）社会环境责任的出现

企业环境社会责任作为企业社会责任的一个重要方面，已经为很多学者所认同。美国经济优先认可委员会（CEPPA）制定了社会责任的国际标准即 SA8000，它同 ISO 9000 质量管理体系、ISO 14000 环境管理体系同样被作为可以由第三方认证机构审核的国际标准，是世界上第一个以道德规范准则设立的国际标准。企业环境社会责任已经被作为企业社会责任的一个重要方面加以确立，且在国际上已经得到了普遍的承认。环境危机不是一两个人、一两个国家的事，而是关系整个人类生存和发展的大问题，在企业所应承担的社会责任中，这种环境社会责任就源自于对整个人类群体利益的考虑。伴随着绿色消费的兴起、绿色贸易壁垒的加强以及传统观念的创新与变革，众多企业纷纷转变思想，开始探索一条可持续发展之路，环境保护的经营理念正日益深入企业的每一个经营环节。

二、社会环境责任的含义

（一）企业社会责任

企业社会责任是一个世纪之前就有的组织理念，由英、美一些组织社会学家和管理学者提出，其初衷是为了维持企业和社会的互动关系。卡罗尔认为，企业社会责任意指某一特定的时期社会对组织所寄托的经济、法律、伦理和自由决定（慈善）的期望。雷蒙德·鲍尔则认为，企业社会责任是认真思考公司行为结果对社会的影响。孔茨和韦里克认为，"企业社会责任就是应该认真地考虑企业的一举一动对社会的影响"；刘俊海论述道：所谓企业社会责任，就是企业不能仅仅以最大限度地为股东们赢利或赚钱作为自己的唯一存在目的，而应当最大限度地增进股东利益之外的其他所有社会利益。

有关企业社会责任的观点主要有两种，即规范性观点和工具性观点。规范性观点认为不论企业的经营状况如何，都有一种伦理性的社会责任，应当对利益相关者的要求做出恰当的回应。它强调的是，环保行为等企业行为（帕森斯称之为"社会行动"）"理所当然"，是"应然之事"，而这与实现企业的经济利益目标无关。工具性观点则认为企业即便是为了赢利、实现经济目标，也应承担相应的社会责任。从企业文化演进的历史来看，这种将企业社会责任当作工具的看法，已逐渐为世界上多数企业家所接受。事实上，成功的企业往往还会把承担社会责任的观念转化为企业的核心价值观。比如，兰德公司曾花20多年时间，跟踪500家世界大公司，发现其中100年不衰的企业有一个共同的特点是不再以追求利润为唯一目标。

现代企业究竟有哪些社会责任，这是一个必须明确的问题。有的人认为追求利润最大化，是企业唯一的社会责任。弗里德曼认为企业的责任就是使利润最大化。他指出，企业有而且只有一个责任，就是"在公开、自由的竞争中，充分利用资源、能量去增加利润"；有的人认为依法纳税、就业、提供产品和服务是企业应承担的社会责任。有学者称企业社会责任的"三大内容"是纳税、就业和提供产品；有的人认为，产品安全、环境保护是企业应承担的社会责任。

James J. Brummer 将企业责任划分为四种，即企业经济责任、企业法律责任、企业道德责任和企业社会责任。Carrell A. 也把企业社会责任划分为四个组成部分，即经济责任、法律责任、伦理责任、博爱责任。

目前，世界上的主要发达国家（如美、英、法、德、日等）都在试图制定自己的社会责任标准，如1971年6月，美国经济发展委员会（The Committee for Economic Development）发表了题为《商事公司的社会责任》的报告，用列举的方式将公司的社会责任归纳为10个方面：（1）经济增长与效率；（2）教育；（3）培训；（4）公民权与机会均等；（5）城市建设与开发；（6）污染防治；（7）资源保护与再生；（8）文化与艺术；（9）医疗服务；（10）对政府的支持。

我国也应尽快研究和制定中国企业的社会责任标准，否则，在国际竞争中就会受制于其他国家。卢代富博士的《企业社会责任的经济学和法学分析》中指出所谓的企业社会责任，是指企业在谋求股东利润最大化之外所负有的维护和增进社会利益的义务，企业社会责任应该主要包括对雇员的责任、对消费者的责任、对债权人的责任、对环境资源的保护和合理利用的责任、对所在社区经济社会发展的责任、对社会福利和社会公益事业的责任等。任玉岭先生认为，应从以下八个方面来确立我国的企业社会责任标准：一是承担明礼诚信确保产品货真价实的责任；二是承担科学发展与交纳税款的责任；三是承担可持续发展与节约资源的责任；四是承担保护环境和维护自然和谐的责任；五是承担公共产品与文化建设的责任；六是承担扶贫济困和发展慈善事业的责任；七是承担保护职工健康和确保职工待遇的责任；八是承担发展科技和创新自主知识产权的责任。

（二）企业社会环境责任

随着环境责任日益受到关注，许多专家学者都对环境责任提出过自己的观点。

美国经济伦理学家乔治·恩德勒提出企业社会责任包含三个方面，即经济责任、社会责任和环境责任。其中环境责任主要是指"致力于可持续发展——消耗较少的自然资源，让环境承受较少的废弃物"。

1992年里约会议通过的《21世纪议程》中规定，"环境责任包括负责任并合乎道德地管理好产品及其制造过程，一切从健康、安全、环保方面出发。"

1999年1月，在瑞士达沃斯世界经济论坛上，联合国秘书长安南提出了"全球协议（UN Global Compact）"，并于2000年7月在联合国总部正式启动，该协议号召公司遵守的社会责任中，就包含了可持续发展的要求，即企业应对环境挑战未雨绸缪，主动增加对环保所承担的责任，鼓励无害环境科技的发展与推广。

在"福州大学第四届东南法学论坛"上，叶晓丹学者所下的定义，即认为企业环境责任是企业社会责任的一部分，是企业在谋求自身及股东经济利益最大化的同时，还应当履行保护环境的社会义务，应当对政府代表、环境代表的公共利益负起一定的责任。企业的这种环境责任的实现形式包括企业的环境道德责任、企业的环境法律责任，以及游离于两者之间的过渡性的环境责任。

环境法学者马燕认为，"公司的环境保护责任是公司的社会责任，其产生根源在于环境问题的严重性、公司目的实现的客观性、公司权利的社会性及股东利益的相对性。"

袁家方认为：所谓企业的环境社会责任是指企业在追求股东最大利益和谋求发展的过程中，必须注意兼顾环境保护的社会需要，使企业的行为最大可能地符合环境道德和法律的要求，并自觉致力于环境保护事业，促进经济、社会和自然的可持续发展。

吴刚国博士在其一篇论文《公司的绿色社会责任》中认为：公司在股东利益最大化的基础上兼顾环境公益的要求，符合社会对公司制度的合理期望。任运河在谈到这个问题时指出，企业的生态责任应该表现在企业对自然的生态责任、企业对市场的生态责任和企业对公众的生态责任。

2005年6月18日，环保总局副局长潘岳在接受记者采访时"呼唤中国公司绿色责任"，他认为：中国的国情需要公司走绿色发展道路，国际潮流也迫使公司走绿色发展道路，社会责任更要求公司走绿色发展道路。所谓公司的绿色社会责任，是指现代社会的公司在谋求股东利益最大化的基础上，应当考虑增进股东利益以外的环境公益。公司的绿色社会责任源于公司的社会责任理论，而在追求股东利益最大化的基础上增进包括环境在内的其他利益正是公司社会责任的应有之义。

企业环境责任既具有绝对性，又具有相对性、派生性。绝对性是指环境保护已成为人类社会主体普遍意义上的社会责任，国家、法人及其他组织和个人概莫能外。无论企业是否为环境污染或破坏的始作俑者，其作为社会成员都应当履行保护环境的责任。派生性是指企业的环境责任建立在企业从事生产经营或营利性活动的基础上。企业环境社会责任具有外在的强制性和内在的自觉性，它是企业法律义务和道德义务的统一。企业环境责任的强制性是法律上规定的、企业必须承担的环境责任，如果企业不承担，将会受到法律的强制或惩罚。企业环境责任的自觉性是未经法定化的、由企业自愿履行且以国家强制力以外的其他手段作为其履行保障。企业履行环境保护社会责任的过程，实际上就是生态良心实现的过程。"企业有没有生态道德责任"调查项的数据显示，64%受访企业认为有，30%认为没有，不知道的占6%。数据说明，绝大部分企业已经意识到企业在追求经济利益的同时也应具有生态道德责任，但也还有许多企业仍然没有意识到企业所应该承担的生态道德责任。要厉行环境责任，还需要企业自身的主动性和积极性。这种自觉性是指道德层次上企业应当承担的环境责任，企业承担与否决定于企业决策者的价值取向及社会舆论的褒奖或批评。

环境社会责任是企业承担广泛社会责任的一个重要方面，是企业社会责任的主要表现形式，主要强调企业在环境保护方面的责任。企业在遵循经济社会发展规律进行生产的过程中，主要担负起的社会责任就是企业在建设和生产过程中对所涉及的自然资源承担相应保护的责任。无论怎样归纳和拟定企业的社会责任标准，都不能，也不应该忽视现代中国企业的环境保护的社会责任，因为这种责任的重大性无论怎样估计都不过分。

三、社会环境责任的作用

（一）履行社会环境责任有助于参与国际竞争

在经济全球化的发展过程中，关税壁垒作用日趋削弱，包括"绿色壁垒"在内的非关税壁垒日益凸显。绿色壁垒又称环境壁垒，它是指那些为了保护环境而直接或间接采取的限制甚至禁止贸易的措施。绿色壁垒的表现形式主要有绿色关税、绿色市场准入、绿色反补贴、绿色反倾销、环境贸易制裁、PPM标准、强制性绿色标志等。近几年，一些发达国家在资源环境方面，不仅要求末端产品符合节能、环保要求，而且规定从产品的研制、开发、生产到包装、运输、使用、循环利用等各环节都要符合节能、环保要求。能效标识成为"绿色壁垒"中的一项重要内容，对我国发展对外贸易特别是扩大出口产生了日益严重的影响。工业企业要高度重视，积极应对，尤其是要全面推进节能型生产，主动融入循环经济，逐步使自身企业产品符合节能、环保等方面的国际标准，才能有力地参与竞争。诺基亚致力于不断提高公司的环境和社会绩效，其中也包括供应链的环境和社会绩效。为此，公司有一套"诺基亚供应商要求"，适用于所有的直接和间接供应商，这些要求涉及环境方面和商业伦理方面。通过与供应商的沟通、对他们的培训、签订合同以及供应商审核流程，诺基亚在供应商网络中持续地保持较高的环境和社会标准。而且其供应商网络管理工具已经在使用中，更可借此鼓励供应商遵循类似的环境保护准则，进一步加强诺基亚在供应链上的责任。

当今消费者对环境的关注程度越来越高，这种关注开始体现在他们所购买的产品上。目前世界各国相继开始对绿色产品实施环境标志计划。环境标志是一种产品的证明性商标，是印（贴）在产品或其包装上的图形，表明该产品是绿色产品（即环境标志产品）。在国际贸易中环境标志就像一张绿色通行证，正发挥着越来越重要的作用。有些国家把环境标志当作贸易保护的有力武器，他们严格限制非环境标志产品进口，谁拥有绿色产品，谁就拥有市场。据统计，2002 年北美绿色产品交易额高达 2060 亿美元，西欧约 2000 亿美元，亚太地区 1000 亿美元，英国仅生态作物外销就收入 105 亿美元，德国的环境保护产品出口产品额为 700 亿马克，占世界份额的 21%。各国经济专家分析，今后绿色产品的贸易增长将远远超过世界贸易的平均增长率，因此绿色产品的时代，对环境不利的产品将失去竞争力。作为现代工商企业为提高其产品在国内国际市场上的竞争力，参与世界经济大循环，必须持续不断地开发、生产、营销绿色产品，用绿色产品拓展国内外市场，最终达到环境与经济协调发展的目的。因此，企业缺乏环境保护意识就会使得产品在国际贸易中屡屡碰壁。2006 年，我国因技术型贸易壁垒遭受的损失为 758 亿元，殃及 15% 的出口企业。有关的数据显示，截至 2006 年，我国所遭受的贸易摩擦数量已经连续 12 年居全球贸易摩擦之首，主要为各种贸易壁垒和反倾销，我国每年造成的损失相当于年出口总额的 20% 左右，其影响不容忽视。国际知名大公司，如杜邦公司、3M 公司、汉莎机场、三星公司等都已向世界塑造出良好的绿色环保形象，获得广大消费者的青睐，在激烈的市场竞争中占据了有利地位。我国的企业也必须承担环境责任，树立环境形象，把环境战略与绿色营销、绿色管理结合起来，打出自己的"环境牌"。

（二）履行社会环境责任有助于实现社会和谐

企业与环境是一个命运共同体，任何企业的发展都必须解决好三个问题：索取什么、生产什么和废弃什么。索取要开采资源，生产要使用资源，废弃物会污染环境。企业和社会其实是一种契约关系，企业应该注重权利和义务的平衡。社会给予企业生存与发展的空间和环境，企业的发展与繁荣也应该以社会的最终需求为己任，即企业享受发展权利的同时，应该承担起环境保护的义务，承担起人类走可持续发展道路的重任。

目前，我国环境污染严重，生态破坏加剧的趋势尚未得到有效控制，尽快遏制生态环境恶化状况，改善环境质量已成为我国可持续发展亟待解决的问题。企业履行社会环境责任，是构建社会主义和谐社会的基础工程。企业利益的实现要以社会公众利益的实现为前提，企业利益与企业环境，特别是企业的可持续发展能力与环境、社会的关系不是分离的、对立的，而是相互促进、相互协调的。20 世纪 90 年代后期迅速流行起来的"企业公民"（Corporate Citizenship）理念认为企业公民是指一个公司将社会基本价值与日常商业实践、运作和政策相整合的行为方式。"一个企业公民认为公司的成功与社会的健康和福利密切相关，因此，它会全面考虑公司对所有利益相关人的影响，包括雇员、客户、社区、供应商和自然环境。"2003 年的世界经济论坛以"全球企业公民"作为核心主题，企业对环境的责任被列为企业公民的重要内容，包括维护环境质量、使用清洁能源、共同应对气候变化和保护生物多样性等。企业采取环境对策之后，企业形象的改变成为打开产品销路的重要因素，符合环保要求的产品可以得到更多消费者的青睐，资源的循环利用还大大降低了生产成本的投入，企业与周边自然环境及当地民众的和谐相处为自身的发展开拓了更广阔的空间。

（三）履行社会环境责任有助于提升企业形象

随着生活水平的提高，公众环境意识日渐觉醒与提高，他们开始自觉地抵制和排斥损害环境的行为和产品，更加认同在生产经营、技术创新、经营理念上顺应绿色趋势的企业，认同那些对全人类的发展富有责任感的企业。

在全球生态环境不断恶化的今天，对环境责任的主动承担不失为提升企业公共形象的有力武器。由国务院发展研究中心企业研究所、搜狐财经、北京大学中国信用研究中心、光华传媒四家机构联合主办的"2006 企业公众形象评比"活动调查显示，六成公众认为企业改造社会责任首先要尽好产品安全、公众安全、环境保护等责任。在中国当前的市场环境下，现代企业尽到产品安全责任、公众安全责任与环境保护责任就是最大的公益。企业能够借此赢得政府及公众的认可和奖励，提高自己的声誉，进而提高销售量和顾客忠诚度，获得"品牌溢价"。在行业内部的竞争中，率先进行绿色技术创新的企业，可以获得"先动优势"，甚至凭借其对行业标准的影响力来确立和巩固自己的领先地位。企业能够较早实行环境保护，那么它就能从先行的环境活动中受益。企业通过率先进行环境管理，使用环境技术，将比使用传统生产方法和技术的企业具有先动优势，通过生产环境产品，可能为企业带来产品差异化优势。由于率先实行环境管理，进行产品、技术或过程创新的企业就有可能要求政府提高环境标准，建立行业标准和行业规范，提高进入壁垒，把无法达到严格环境标准的企业排挤出市场，提高并巩固自己在市场中的地位。与此同时，获得先动优势的企业还能够从出售环境防治技术或环境创新中得到收益。全球消费者的环保意识日渐增强，更青睐环保产品，也愿意为此额外支付。1999 年欧共体的调查显示，67%的荷兰人和 82%的德国人在购买时考虑环境污染因素。消费者的环保消费使得公司投资环保可以获得巨额利润，为公司自觉承担环境责任提供巨大的动力。当绿色消费和绿色采购成为主流时，公司为了吸引顾客购买自己的产品必然选择符合环保要求的生产和销售方式，自觉履行环境责任。

　　环境保护是企业活力（环境力）的一部分，不仅不会拖企业的后腿，而且还能促进企业发展，给企业带来更多的意想不到的价值。有发展眼光的企业应该把传统工业经济向生态经济的转变过程看成是一次最好、最大的投资机会。经济发展模式的转变，会产生许多新的服务和产品的需求，抓住了这个机会，企业实际上就获得了一次再生。西方一些拒绝改造以化石为主的世界能源经济的人组成了全球气候联盟，但现在这个联盟正在瓦解，英国石油公司、杜邦公司、福特汽车公司、ABB 集团都先后退出了该联盟，纷纷制定了自已的环保目标和计划，并脚踏实地地实施。这些企业集团一方面是社会责任感的驱使并关心自己的社会形象的需要，更重要的是他们发现了许多机会和利润。确切而又形象地说，环保是让企业飞得更高的逆风。

（四）履行社会环境责任有助于提高企业竞争力

企业社会环境责任已成为提高企业竞争力的重要因素——"有责任才有竞争力"。

首先，企业履行社会责任，有利于增强顾客的忠诚度。现代社会，人们的社会环境意识逐渐增强，越来越多的公众期望企业在追求经济发展的同时，承担社会环境责任。一份全球性的调查报告显示，75%以上的美国消费者以环境保护者自居，愿意为无污染产品及能再循环使用的包装多付钱；67%的荷兰人、80%的德国人在购物时考虑环境问题；40%的欧洲人愿意购买绿色食品，而且这部分消费者的比例在日益扩大。正如星巴克 CEO 奥林·史密斯（Orin Smith）所言，星巴克的最大成就之一，就是说服顾客支付 3 美元的高价购买一杯"有社会责任的咖啡"。事实证明，社会环境责任会大幅提升企业竞争力，杜邦公司就是凭着环保理念，从一个 3.6 万美元的火药小作坊成长为年销售收入 240 亿美元的跨国巨头。立邦公司作为国际知名涂料公司，多年来一直致力于环保漆的开发和研制，时刻关注人类生存的环境，始终将环境保护放在首位。公司的环境保护目标是全面实行清洁生产工艺、全员参加无（低）污染、低消耗、高产出的工作。立邦公司的信条是"环保"不是结果，而是持之以恒的过程。

其次，企业履行社会责任有利于增强对人才的吸引力。"良臣择主而事，良禽择木而栖"，一个具有良好社会形象，肯承担社会环境责任的企业，更具有感召力和凝聚力，更容易吸引和留住优秀的人才。财富杂志在对 1000 家公司的调查中发现，95%的被调查者坚信在今后的几年中，他们将必须采用更具有社会责任感的企业行为以维持他们的竞争优势。1981 年，由美国 200 家最大企业的领导人参加的企业圆桌会议在其"企业责任报告"中指出，企业的长期生存有赖于其对社会的责任，而社会的福利又有赖于企业的盈利和责任心。2002 年 2 月在纽约召开的世界经济峰会上，36 位 CEO 呼吁公司履行其社会责任，宣扬公司社会责任是公司核心业务与运作最重要的一部分，越来越多的企业意识到承担包括保护环境在内的社会责任已经成为实现企业生存和发展的推动力。

（五）履行社会环境责任有助于提高企业绩效

强化公司的环境责任会不会导致公司经营的低效益呢？在一些企业经营者的眼里，一说到搞好环境保护，就皱眉。他们认为：保护环境要增加设备和资金投入，企业拿出"真金白银"，无形中减少了企业有限的利润；保护环境要牵扯经营者的很多精力，不能全身心投入到企业生产经营中去，是"种了别人的地，荒了自家的田"。搞好环境保护是政府职能部门的事，企业只要搞好生产经营，能给当地增加 GDP，搞不搞环境保护无所谓。其实，环境保护对于企业来说，并不单纯是意味着付出，企业能从环境保护实践中得到无数的好处。这些好处表现在成本、系统、创新、外部联系和敏捷性等方面，贯穿于战略、结构、系统、风格、员工、股票、技术等企业要素之中，发展环境保护意识与能力不仅能够提高企业的竞争能力，而且有可能造出高于其他企业能力的绩效，提升企业自身的可持续发展性。

越来越多的企业实践和众多的研究成果充分说明，在社会责任和企业绩效之间存在正向关联度。道琼斯可持续发展指数的金融分析师发现，与那些丝毫不考虑社会和环境影响的公司相比，那些充分考虑了上述因素的公司的股票业绩更佳。Innovate Strategic Value Advisors 公司也发现，对那些拥有卓越"环境绩效"（environmental performance）的公司而言，它们的财务绩效同样优秀。我国学者的研究也证实了这一点，王靓（2006）抽取了浙江省 502 家企业做了研究，发现企业社会责任表现与企业绩效成正相关，同时发现企业的规模、性质不同，企业社会表现与企业绩效上存在显著差异，从而在企业社会责任对企业绩效的影响上也存在着一定的差异。刘玉燕（2006）抽取了 30 家上海证券交易所公开上市的 A 股公司对其进行研究，研究表明企业竞争力与企业社会责任之间存在弱相关关系，权益报酬率与企业社会责任存在低度相关关系。

四、节能减排是企业重要的社会环境责任

（一）节能减排紧迫性

我国经济快速增长，各项建设取得巨大成就，但也付出了巨大的资源和环境代价，经济发展与资源环境的矛盾日趋尖锐，群众对环境污染问题反应强烈。据统计，2006 年我国 GDP 占世界的 5.5%，却消耗了全球 15% 的能源、30% 的钢铁和 54% 的水泥。预计到 2020年，我国煤炭用于发电的比例将由目前的 40% 增加到 70% 以上，未来中国控制燃煤发电温室气体排放的任务将更加艰巨。国家环保总局潘岳副局长在第一次全国环境政策法制工作会议上讲到："我们的江河水系 70% 受到污染，40% 严重污染，流经城市的河段普遍受到污染，城市垃圾无害化处理率不足 20%，工业危险废物化学物品处理率不足 30%。3 亿多农民喝不到干净的水，4 亿多城市人呼吸不到干净的空气，其中 1/3 的城市空气被严重污染。"实施节能减排既是中国自身科学发展和可持续发展的需要，也是应对全球气候变化的需要，是我们应该承担的责任。

面对我国自然资源能源短缺与社会经济的快速发展，建设节约型企业作为建设节约型社会的一个重要组成部分被提上了日程。在现行的市场价格体系中，长期以来存在"资源无价、原料低价、产品高价"的价格扭曲问题，未经人类劳动的环境与自然资源的效用价值或称使用价值被忽视，造成传统的国民经济核算体系中国民生产总值、净值、国民收入和社会物质财富的虚幻增加，这是造成环境问题的重要原因之一。节约型企业是按照"减量化、再利用、再循环"原则，在生产、经营各个环节中通过技术创新和管理创新不断提高资源利用率，以最小资源消耗、废弃物排放和环境代价实现可持续发展，实现经济、生态、社会效益相统一的现代经济组织。我国加入 WTO 后，企业将面临更加激烈的竞争局面，为振兴我国的民族工业，提高企业的经济效益，必须通过节能不断降低企业的能源消耗，使国内企业的竞争力得到加强。据调查，我国工业产品的成本中，能源消耗成本加上原材料的消

耗成本占企业生产成本的 75% 以上, 若能降低一个百分点就可取得 100 多亿元的效益。

（二）节能减排可行性

据测算, 我国每创造 1 美元产值所消耗的能源, 是美国的 4.3 倍、德国和法国的 7.7 倍、日本的 11.5 倍, 我国经济增长的成本高于世界平均水平 25% 以上, 可见我国节能减排存在巨大潜力。通过产业结构调整、产品结构调整、降低高能耗行业的比重、加高附加值产品的比重以及居民生活用能优质化等措施, 近期国民经济产值能耗节能潜力达 4 亿吨标准左右, 其中节煤潜力超过 2 亿吨标准煤, 节电超过 2000 亿千瓦时, 节油潜力超过 1500 万吨。如果对 2001~2010 年进行中期测算, 中国国内生产总值增长率计划为 7%~8%, 能源消费弹性系数若为 0.4~0.45, 节能率按 3.7%~4.0% 计, 每万元国民生产总值能耗降至 1.8~2.0 吨标准煤, 每万元工业增加能耗降至 2.9~3.1 亿吨标准煤, 10 年总节能量将达到 6.8~7.1 亿吨标准煤, 相当于减排二氧化碳 3.1 亿吨（以碳基计算）, 到 2010 年全国能源利用效率提高到 40% 左右。必须高度重视节能工作, 健全节能管理体系, 加大节能工作的力度和广度, 努力促进国民经济向节约型、可持续发展。近年来, 国内部分企业通过依法节能, 大大降低了生产成本, 起到了模范作用。如宝钢能源费用只占生产成本的 20% 左右, 2000 年吨钢综合能耗达 699 千克, 进入了世界先进水平行列。（国际吨钢综合能耗先进水平为 720 千克）, 大大提高了其参与国际竞争的能力。

（三）节能减排责任性

据联合国环境规划署报告: 过去 10 年, 欧洲 27 个国家中有 17 国的排放量已减少, 其中法国减少 41%, 同一时期法国工业产值增加 25%, 污染物却减少了一半。事实证明, 企业是解决环境污染问题的重要力量。据国家环保总局统计, 我国污染物的排放 80% 以上都来自企业, 特别是煤炭、化工、冶金、建材、造纸、印染、纺织等行业。

"对中国企业来说, 最大的社会责任是如何做到节能减排, 这也是可持续发展的重中之重。" 中国环境报产业市场编辑部主任班健说。全国政协委员刘玉芬在接受记者采访时也表示，当前民营企业最大的社会责任就是搞好节能减排，这是最大的"商德"。"'十一五'规划提出了主要污染物减排10%的指标，实现这一约束性指标的主体是企业，企业应责无旁贷地将降耗减排当做首要社会责任。"全国政协委员、中国电力国际有限公司董事长李小琳在人民大会堂前接受记者采访时说，"一个真正具有社会责任感的企业，其行为和发展应该是在利国利民、促进环境和社会可持续发展基础上的利益最大化。为了人类的生存和经济的可持续发展，企业一定要担当起保护环境、维护自然和谐的重任。"蒙牛集团副总裁赵远花在企业公众形象专场论坛上说，"关于节能减排和可持续发展，从蒙牛自身做过的对这个话题的理解，节能，企业是从管理当中尽量地降低能耗，来达到节能；减排，是通过循环经济和零排放达到减排；可持续发展，蒙牛是在做的过程当中把循环经济和承担社会责任共同放到企业的经营当中。"

认真做好节能减排环境保护工作，在生产过程中不因生产废水、有害气体排放，以及生产垃圾的排放，而给周围环境造成污染，这就是企业应该对社会所负的责任之一。

第二节　节能减排与企业可持续发展

一、企业可持续发展与利益相关者

世界环境与发展委员会在《我们共同的未来——即布伦特兰报告》中提出"可持续发展"的概念后，可持续发展已经成为全世界发展的主题。可持续发展的核心是要以"可持续"来对"发展"做出一种限制。这种限制，要求我们在推进经济社会全面发展的过程中，保持经济、人口、资源和环境的协调发展和良性循环。可持续发展的核心是发展，但要求在保持资源和环境永续利用的前提下进行经济和社会的发展，既达到发展的目的，又能保护人类赖以生存的自然资源和环境。

"企业"作为人类自己发明的"经济恐龙"，如果仅仅拥有食欲和贪婪，只顾生长和繁殖，不具备对生存环境变化的感知力，不能够为全球环境保护承担责任，不能赋予环保方面有创造性的贡献，对个体企业而言，环境保护全球化的大趋势下，就会落伍于时代，就会被顾客所唾弃，被社会大众所不齿；对企业群体和人类群体而言，就会由于生存环境和生存资源的枯竭而走向整体衰败。企业是适应环境而生，同时又适应环境而变的生命有机体。与环境动态的适应和平衡，直接关系着企业的生死存亡。

谋求永续发展，努力实施既可满足消费者的需要，又可合理使用自然资源和能源，并保护环境的生产方法和措施，这就是企业可持续发展。企业可持续发展是通过追求综合效益，以实现企业与社会、竞争者、消费者之间的和谐共存，因此既要考虑当前利润的多少和市场份额的大小，又要考虑长期利润的增加和市场份额的扩大，而且近期发展不要以牺牲远期发展为代价。因此企业不仅应该将利润最大化作为追求目标，而且应该顾及自然、资源、环境及社会环境。从环境关系来看，企业可持续发展通过社会对环境保护的要求和消费者对环保产品的需要，以及消费者环保意识的增强而超越环保约束。从资源利用关系来看，企业可持续发展是企业如何合理节约、利用，以及发展资源的一个重要问题。因此企业可持续发展强调企业的增长不能以生态环境破坏为代价，企业的创造要以有益健康、环境友好为标准。企业可持续发展的内涵应该包括以下几点：一是经济效益，在资源与环境承载能力许可的前提下，企业必须追求经济效益的不断提高。二是资源效益，包括节约资源、减少资源消耗，提高资源利用率、综合利用资源、废物利用等。三是环境效益，即鼓励企业在提高经济效益、更具有竞争力和创新能力的同时，能负起更多保护环境的责任。"企业生态道德责任与经济社会可持续发展有无关系"调查数据显示，30%受访企业认为企业生态道德责任与经济社会可持续发展有重要关系，5%认为关系很一般，0%认为没有关系。该组数据表明，有近1/3受访企业意识到企业生态道德责任与经济、社会可持续发展有着较大关系。这说明，科学发展观、可持续发展思想已影响到企业生产经营活动。"您的企业是否发布过企业生态道德责任报告书"调查的数据显示，6%受访企业经常发布，曾经发布过、偶尔发布、没有发布的企业数量基本持平，其比例分别为 30%、30% 和 31%。该组数据表明，经常发布企业生态道德责任报告的企业数量太少，而没有和偶尔发布的企业数量也有很大一部分。这和当前的环境状况很不相适应。

20 世纪 60 年代兴起的利益相关者理论（Stakeholder Theory）认为任何一个公司的发展都离不开各种利益相关者的投入或参与，利益相关者的活动能够影响该企业目标的实现，或者受到该企业实现其目标过程的影响。利益相关者构成了企业环境的基本方面，其利益愿望和权利从根本上决定了企业的存在和发展。Freeman 在他的著作《战略管理：利益相关者分析方法》里指出任何一个健康的企业必然要与外部环境的各个利益相关者之间建立一种良好的关系，从而达到一种双赢的结果。像世界上一些发展较好的公司，如通用公司、海尔公司，都十分重视在公司与员工、消费者之间建立良好的关系，提供优秀的个性化服务，让更多的利益相关者参与到公司的管理中来。

利益相关者理论给我们的启示是企业经济活动的伦理性，强调企业利润和社会责任、生态环境的保护及其他利益相关者利益的一致性，强调企业与社会经济的可持续发展与永续发展。企业可持续发展战略目标的实现应当关注企业所有利益相关者的利益。企业可持续发展的治理模式应当从传统的"股东至上"的治理模式转变为"关注利益相关者"的治理模式。

二、利益相关者日益增强的环境意识

（一）政府政策导向

我国是世界上最大的煤炭消费国。燃煤造成的二氧化硫和烟尘排放量分别占排放总量的 80% ~ 90%。目前，我国环境污染严重，生态破坏加剧的趋势尚未得到有效控制，年排放二氧化硫近 2000 万吨，酸雨面积已占国土面积的 30%，江河水系 70% 受到污染，40% 严重污染，流经城市的河段普遍受到污染，城市垃圾无害化处理率不足 20%，工业危险废物化学物品处理率不足 30%。3 亿多农民喝不到干净的水，4 亿多城市人呼吸不到干净的空气，其中 1/3 的城市空气被严重污染。尽快遏制生态环境恶化状况，改善环境质量已成为我国可持续发展亟待解决的问题。

我国现行企业节能政策先后颁布了 20 多部政策法规，较有代表性的是《中华人民共和国节约能源法》、《重点用能单位节能管理办法》、《中华人民共和国清洁生产促进法》。2008 年，为积极配合《中华人民共和国节约能源法》的实施，国家标准委制定了 46 项与《中华人民共和国节约能源法》配套的国家标准。这些标准将为推广节能减排技术和规范市场秩序提供技术支撑。此次发布的 46 项国家标准包括 22 项高耗能产品单位产品能耗限额标准，5 项交通工具燃料经济性标准，11 项终端用能产品能源效率标准，8 项能源计量、能耗计算、经济运行等节能基础标准。其中新制定国家标准 37 项，修订国家标准 9 项，强制性国家标准 36 项。

国务院印发的发展改革委会同有关部门制定的《节能减排综合性工作方案》，明确了 2010 年中国实现节能减排的目标任务和总体要求。《节能减排综合性工作方案》指出，到 2010 年，中国万元国内生产总值能耗将由 2005 年的 1.2 吨标准煤下降到 1 吨标准煤以下，降低 20% 左右；单位工业增加值用水量降低 30%。"十一五"期间，中国主要污染物排放总量减少 10%，到 2010 年，二氧化硫排放量由 2005 年的 2549 万吨减少到 2295 万吨，化学需氧量（COD）由 1414 万吨减少到 1273 万吨，全国城市污水处理率不低于 70%，工业固体废物综合利用率达到 60% 以上。

2006 年 4 月，国家发展改革委会同国家能源办、国家统计局、国家质检总局和国务院国资委联合下发了《千家企业节能行动实施方案》。国务院国发〔2007〕36 号文批转了国家发改委、统计局和环保总局等有关部门制定的关于节能减排的"三个方案"和"三个办法"，即《单位 GDP 能耗统计指标体系实施方案》、《单位 GDP 能耗监测体系实施方案》、《单位 GDP 能耗考核体系实施方案》和《主要污染物总量减排统计办法》、《主要污染物总量减排监测办法》、《主要污染物总量减排考核办法》。随着"三个方案"和"三个办法"的颁布，我国将建立科学、完整、统一的节能减排统计、监测和考核体系，同时，对政府领导干部和企业负责人节能减排完成情况的业绩考核也有了依据。发改委主任马凯、副主任解振华、陈德铭等均在公开场合表示要坚决落实"节能减排"目标，并与各省市签署责任状。一些省市的领导甚至公开表示"节能减排不达标就下台"，显示了坚决落实"节能减排"的决心。

经济激励政策方面，典型的政策法规有《技术更新改造项目贷款贴息资金管理办法》、《关于申报国家级新产品试制鉴定计划及办理新产品减免税的通知》、《节能技术改造财政奖励资金管理暂行办法》等。2004 年底，政府出台了《节能产品政府采购实施意见》，明确提出优先采购节能产品，逐步淘汰低能效产品。2006 年 11 月22 日环保总局和财政部联合发布了《环境标志产品实施意见》和首批《环境标志产品政府采购清单》，于 2008 年全面实施。2007 年中央财政将安排 70 亿元用于支持企业节能技术改造，2008 年安排 270亿元专项资金用于节能减排工作；2008 年，《企业所得税法》实施条例中规定，企业从事符合条件的环境保护、节能节水项目的所得，自项目取得第一笔生产经营收入所属纳税年度起，第一年至第三年免征企业所得税，第四年至第六年减半征收企业所得税。环保总局、人民银行、银监会三部门为了遏制高耗能、高污染产业的盲目扩张，联合提出了一项全新信贷政策——绿色信贷。政策规定对不符合产业政策和环境违法的企业和项目进行信贷控制，各商业银行要将企业环保守法情况作为审批贷款必备条件之一。而金融机构要依据环保通报情况，严格贷款审批、发放和监督管理，对未通过环评审批或者环保设施验收的新建项目，金融机构不得新增任何形式的授信支持。与环保指标挂钩的"绿色信贷"已初显成效。银监会公布，据不完全统计，五家大型银行（中国工商银行、中国农业银行、中国建设银行、中国银行和交通银行）去年共发放支持节能减排重点项目贷款 1063.34 亿元，支持节能减排技术创新贷款 38.78 亿元，节能减排技改贷款 209.41 亿元，收回不符合国家节能减排相关政策的企业贷款 39.34 亿元。同时向"高耗能、高污染"行业发放的中长期贷款增速放缓。环保总局向央行和银监会通报了一份"黑名单"，30 家环境违法企业在列，根据规定，全国的金融机构将不得对这批污染企业新增任何形式的授信支持。其中 12 家被列入"黑名单"的重污染企业，已经被各家银行追缴、停止或拒绝贷款。

各地区加强了对重点耗能企业的跟踪和管理。各省（区、市）政府分别与本地所属千家企业签订了节能目标责任书，并对节能目标进行了层层分解，加大了考核力度，有的实行了问责制。如山东省政府 2008 年对 103 家企业 2006 年节能目标完成情况进行了通报，对未完成节能目标的 5 家企业给予通报批评，不得参与年度评奖、授予荣誉称号等。绝大多数企业分解落实了节能目标，并加强考核。如宝钢将国家和上海市下达的节能目标分解到 23 家分（子）公司，明确把节能指标作为分（子）公司负责人的业绩考核指标和关键经营指标，每季度进行评价考核，并制定实施股份公司《节能环保激励办法》，对取得节能环保效益的分（子）公司进行奖励；华能集团要求一把手作为节能减排第一责任人履行责任，对没有完成"十一五"《小火电机组关停责任书》和《节能目标责任书》年度各项目标和要求的企业，实行"一票否决制"，即对没有完成任务的责任单位，取消当年工资增长额度，取消领导班子申报"四好班子"的资格和已获得的称号，取消华能授予的各种荣誉称号。

多数地区还组织了本地区"双百企业节能行动"、"百家企业节能行动"等，推动本地区重点耗能企业的节能管理。如辽宁省对能源消费量超过 3000 吨标准煤的 963 户重点用能单位全面开展能源审计。根据审计结论，督促企业及时调整用能结构和方式，加大技术改造投入；山西省选择占全省能耗 65% 的 200 户重点耗能企业，实施"双百企业节能行动"；江苏省开展了"百家企业节能行动"，对 2005 年年耗能 6 万吨标准煤以上的 126 家企业参照千家企业加强监管，并作为省内节能和循环经济专项资金支持的重点；河南省组织实施高耗能行业"3515 节能行动计划"，即通过抓好 300 家年综合能耗 5 万吨标准煤以上企业，实现"十一五"节能 1500 万吨标准煤的目标等等。一些地方政府开始尝试以与企业签订环境自愿协议的形式来明确和实现特定的环境目标。2003 年在国家发展改革委员会和美国能源基金会的支持下，山东省开展了节能自愿协议的试点工作。2003 年 4 月 22 日山东省经贸委与济南钢铁集团总公司和莱芜钢铁集团有限公司签订了中国第一个节能自愿协议。2005 年 7 月南京市环保局与中国石化扬子石化股份有限公司、宝钢集团等6家企业签署了开展自愿协议环境管理示范合作备忘录，采用自愿协议环境管理模式以调动企业的自觉性与主动性，积极履行环境责任，降低环境成本。

（二）公众舆论监督

环境问题与公众的切身利益息息相关，环境恶化的直接后果，会影响到公众的生活环境和身体健康。作为环保事业的参与者和受益人，公众有必要通过舆论，监督社会的环保行为，成为推动社会环保责任建设的积极因素。公众也作为环境的"消费者"，随时通过健康和金钱来为企业污染"埋单"。我国的环境保护相关立法对公民参与制度进行了相关的规定，如《环境保护法》第6条规定："一切单位和个人都有保护环境的义务，并有权对污染和破坏环境的单位和个人进行检举和控告。"《环境影响评价法》中第5条规定："国家鼓励有关单位、专家和公众以适当的方式参与环境影响评价。"公众舆论的监督体系能够提高企业的环境保护意识，而自觉接受公众监督，能够有力地鼓励和帮助企业履行环保社会责任。

"节能减排全民行动"无疑是引发全社会关注能源、珍惜资源、保护环境的重要活动。2007年10月30日至31日，第二届中华环保民间组织可持续发展年会在北京召开。近500名国内外环保民间组织的代表围绕"节能减排环保民间组织在行动"的主题展开了积极的讨论。"2009资源节约、环境友好国际合作高层论坛"之"节能减排与企业责任"分论坛在湖南国际影视会展中心酒店举行，省政府副省长郭开朗、中国工程院副院长杜祥琬院士、中国节能协会节能服务产业委员会会长沈龙海、省科技厅厅长王柯敏出席会议，包括联合国相关机构官员、世界500强企业领袖等在内240多人参加论坛。中国工程院副院长杜祥琬院士作了《中国的低碳能源战略展望》演讲，在对环境能源学深入研究的基础上，他认为面对十几亿人口的发展和环境问题，中国必须选择"节能、提效、减排＋煤的洁净化＋发展核能和可再生能源"的"低碳能源战略"，发展低碳经济。湖南省科技厅党组书记、厅长王柯敏作了《科技支撑节能减排彰显政府责任担当》的演讲，指出必须依靠科技进步与创新，为节能减排提供强大支撑，以促进经济社会发展。同时，政府部门要建立和完善节能减排的激励和约束机制，为节能减排营造良好氛围。他重点介绍了湖南省科技厅在推动节能减排共性、关键技术研发、推广和产业化等方面采取的措施及成效。2008 年，我省已经全面启动了"湖南省节能减排科技支撑行动"，以实际行动彰显政府在节能减排中的重要责任。

环境信息披露已经在西方许多国家取得了巨大进展，企业采用各种手段实现环境信息披露，如新闻发布会、展览会、广告、产区参观、年度报告等。2008 年 1 月 28 日，国内第一个以 web2.0 形式促进公众参与"绿色选择"的公益数据库——"绿色选择公众互动平台（www. green-choice. orgw）"在北京发布，这也是国内第一家致力于以数据库与 3S 地图技术推动公益的民间组织在中国 NGO 舞台上的亮相。这个平台致力于通过收集、整理公开、权威的企业及商品环保信息，建立第三方认证机制，鼓励消费者参与选择与互动，并作为第三方力量之一，在消费行为中自觉选择更加符合环保要求的商品，给有环保劣迹的生产商施加压力和市场惩罚。"通过网络把公众的意见收集起来，进行投票，可以让公众了解什么样的商品生产企业是合法守信、具有环境责任的。"震旦纪的卢昱说，"我们希望借此提高公众参与的方便程度与参与水平，倒逼生产企业强化环境责任。"震旦纪认为，在我们周围，有许多独立于生产者和购买者之外的第三方，为大家提供着比较中立公正的评价信息。环保人士认为，建立诚信的第三方、消费者、企业之间互动平台，可以凝聚消费者力量，对企业施加影响，引导企业履行社会责任。通过市场机制推进绿色选择，是行政命令和道德舆论之外，对企业最大的影响力之源。马军说，"企业超标排放的动机无非是降低成本，在市场中赢得优势。在环境违法成本极低的现实状况下，消费者参与选择，去谨慎对待甚至抵制违法企业的产品，企业才会重视。"

据一项统计研究表明，对于一家经济效益好但环境行为较差，且长期得不到改善的企业，65.8% 的人认为该企业应该停止生产，还有 21.4% 的人认为其产品在市场应该受到抵制，此外 65.3% 认为在购买产品时会优先考虑那些环境行为表现较好企业的产品。环境表现也成为消费者评判一个企业的新指标，人们更容易支持那些注意环境保护、乐于回馈社会的企业。而那些破坏环境、污染严重、不考虑社会责任的企业将不会被选为交易和学习的工作伙伴，因而很难在市场中生存。如民生银行去年提前收回深圳和惠州两家电力公司（皆为燃油电厂且机组建设未经国家发改委核准）项目贷款5.5亿元和1亿元，并停止续做新贷款。徽商银行对被环保部门挂牌督办或列入黑名单的7家企业，停止其新增贷款或存量周转再贷，要求分行对存量贷款只收不贷。

2003年，Hill & Knowlton/Harris（伟达公众关系顾问有限公司）互动式问卷调查的结果显示，当美国人了解到一个企业在社会责任方面有消极举动时，高达91%的人会考虑购买另一家公司的产品/服务；85%的人会把这方面的信息告诉他的家人、朋友；83%的人会拒绝投资该企业；80%的人会拒绝在该公司工作。安徽省绿色文化和绿色美学学会的一个课题组，在随机的问卷调查中发现，合肥市有接近40%的居民愿意以高出20%左右的价格购买以绿色方式生产的产品。

三、节能减排是企业可持续发展的必然要求

各国各界都对可持续发展问题予以强烈的关注，越来越多的人相信：只有对环境负责的企业，其产品和服务才能对用户负责、让用户满意，这也要求企业在自身发展的同时节约自然资源、保护环境。如果在其行为价值导向中，缺乏对自然的尊重，必然会导致地球的资源系统、环境系统和包括人类在内的生命系统持续衰落，企业的存在还有价值和意义吗？美国学者乔治·温特在《企业与环境》一书中指出："总经理可以不理会环境的时代已经过去了。将来公司必须善于管理生态环境才能赚钱。"另一位美国学者保罗·霍肯更是认为商业与环境一开始就是命运共同体，他的结论是："拯救环境就是拯救商业本身。"

不是企业消灭污染，就是污染消灭企业，随着企业建设发展和国家环保形势要求，节能减排历史欠账逐渐成为制约企业发展的"短板"。从微观角度看，企业所处的环境要求企业对环境友好，对

周边群众友好；社会大众随着生活水平的提高，健康营养意识增强，对企业所生产的产品及过程更是要求环保绿色。所有这些对企业的能耗水平及排污治理能力都有强烈的节能减排要求。预计到 2020 年，我国煤炭用于发电的比例将由目前的 40% 增加到 70% 以上，未来中国控制燃煤发电温室气体排放的任务将更加艰巨。因此，为了抵御全球气候变暖，维持可持续发展的要求，中国有必要探索温室气体排放过程中的节能减排。实施节能减排既是中国自身科学发展和可持续发展的需要，也是应对全球气候变化的需要，是我们应该承担的责任。

全球范围来讲，自从人们认识到了环保的迫切性后，节能和环保就成汽车业的主旋律。中央电视台主办的年度汽车评选的结果再度印证了这个结论。从获奖车型中不难看出，节能、环保已成为公众和企业共同关注的热点。专家认为，无论汽车产业主导方向如何变化，能源危机意识、环境保护意识应该时时牢记在心，应该出现更多的像华泰和长城一样在汽车研发时将"环保、节能"理念作为产品第一要素的厂家，这也是所有汽车生产厂家所应该持有的一种态度——节能、环保理念是汽车企业的首要社会责任。吉利汽车服务公司总经理龚晓平表示，承担社会责任是企业发展的内在要求，比如节能、减排、降耗等产品越来越受到用户的青睐，而严重污染环境的企业产品会遭到消费者抵制。吉利秉承"建无害于环境的绿色工厂，造有益于人类的环保汽车"的理念，将环保贯穿于汽车开发、生产、销售、售后服务的每个环节。他说，与其说社会责任是企业需要付出的成本，不如说是企业潜在的发展机遇。

节能减排项目的特点往往是初期投资比较大，成本收回时间比较长，因此有些企业就会犯目光短浅的错误，不愿意投资。在这些企业眼里，扩大规模要比节能减排重要得多。高能耗的项目，往往会在激烈的市场竞争中处于劣势，在受到国际金融危机影响时表现得更为明显，一些高能耗的企业，因粗放经营，抗风险能力差，很快被淘汰。日本的公司都知道，如果无法在节能技术上不断创新，产品最终将失去市场。因此，日本企业更将节能看做是企业的竞争力。在日本，满足节能目标的产品会被授予"绿色标签"，没有达到节能目标的产品则被授予"橙色标签"。日本通产省说，由于消费者购物时注意这些标签，就能促使企业高度重视产品的节能性。

从国内外成功企业的实践来看，节能环保是企业竞争力的持久力量。必须改变节能环保不利于增强企业竞争力的片面认识，要用战略性的眼光看待企业所面临的国内外竞争环境，通过节能环保技术创新措施，从根本上提高企业的活力和参与市场竞争的能力。管理者要从管理理念上将适应环境列入企业正常运转中的重要议事日程，自觉使企业成为环境中的合理组织部分，改变只重视物质产出、忽视节能环保的传统发展模式，以及重数量轻质量、重眼前轻长远的企业的市场竞争模式，实现资源、环境和经济协调发展。

国家推动节能减排绝不是一项权宜之计，而是落实科学发展观、推动经济又好又快发展的重大战略任务，国家节能减排的任务能否落实，关键在于企业能否切实履行好主体责任；节能减排不仅是国家和各级政府的号召，更是企业谋求发展、增强市场竞争力的内在需求。在一个不环保企业里工作的员工，会因为企业难以得到政府、社会、消费者的认同，而导致员工心理上的自我认同感大大降低。他们对企业的未来没有足够的信心，对自己的发展忧心忡忡，这些都将阻碍他们的奉献和创造。美国生态经济学家保罗·霍肯在《商业生态学》中说："问题就在于当公司员工自觉或不自觉地发现他们的产品、工艺或公司目标对人类有害时，这家公司还能维持多久？"如果企业一味追求高利润而不关心环境保护与治理，必将使自己的企业形象一落千丈，为企业未来发展埋下祸根。如果一个企业为了提高经济效益，而不顾环境承受能力，随意排放废水废气，弄得周边群众怨声载道，今天有人上门"骂街"，明天有关组织高声抗议，隔三差五还有环保部门又是"查封"又是"罚款"，企业经营者哪还有心思投入经营管理呢？

在全球环境危机的大环境下，企业应由"经济人—社会人—生态人"逐渐转变，牢固树立社会责任意识基本理念，把环境保护和节能减排当作企业生存和发展的重要任务，不忘履行社会责任，认真做好节能减排工作，加强生态环境保护，通过社会对企业的环境性考核。只有环境处于良性循环的状态下，企业才有可能得以发展壮大，实现企业、社会、环境的和谐发展。

第三节　企业节能减排发展战略

一、节能减排与企业环境战略

　　企业战略是指企业根据环境的变化，本身的资源和实力选择适合的经营领域和产品，形成自己的核心竞争力，并通过差异化在竞争中取胜，随着世界经济全球化和一体化进程的加快和随之而来的国际竞争的加剧，对企业战略的要求愈来愈高。

　　企业战略具有全局性，企业战略立足于未来，通过对国际、国家的政治、经济、文化及行业等经营环境的深入分析，结合自身资源，站在系统管理高度，对企业的远景发展轨迹进行了全面的规划。企业战略具有长远性，"今天的努力是为明天的收获"、"人无远虑、必有近忧"。兼顾短期利益，企业战略着眼于长期生存和长远发展的思考，确立了远景目标，并谋划了实现远景目标的发展轨迹及宏观管理的措施、对策。围绕远景目标，企业战略必须经历一个持续、长远的奋斗过程，除根据市场变化进行必要的调整外，制定的战略通常不能朝夕令改，应具有长效的稳定性。

　　在《环境保护主义与企业新逻辑：企业如何在获利的同时留给后代一个可以居住的星球》这本书中，作者把企业针对环境所采取的战略划分为四个"绿色层面"：轻微绿色、市场绿色、利益相关者绿色和深刻绿色。"市场绿色"，遵循的原则是以"顾客重视环保"为基础。企业通过重视顾客对于环境保护的偏爱来建立与维持企业的竞争优势。这种市场绿色的逻辑是以优秀的传统型"顾客导向"为宗旨，此逻辑将应用在产品部分和顾客部分，使服务和产品共享。"利益相关者绿色"，遵循的原则是通过响应利益相关者对环境保护的偏爱建立与维持竞争优势。例如许多公司通过要求供货商遵守环境保护要求和设置严格的生产标准而达到利益相关者绿色。在商品包装中使用可再生的材料，对员工进行环保教育，通过团体参与来清洁环境，表扬那些要投资绿色公司的投资者。"深刻的绿色"，遵循的原则为以关爱地球的方式建立与维持公司价值，这种逻辑要求企业要以尊重地球为本。越来越多的企业由于相关利益者的压力而重视环境绩效，政府制定了越来越多的一系列法律不断加强环境管制，国际组织也制订环境条约呼吁更好的全球商业行为，全球化和专业化管理不断增强的非政府组织对企业行为作用力更大，股东和顾客也给企业带来压力，这些组成了一个不确定性的、时刻变化的未来，企业必须提前制定战略应对环境变化和环境压力。环境战略是指一种随时间变化的处理企业与自然环境之间关系的反应模式，是企业解决环境问题的总体规划，目的是实现其整个生产经营活动与生态环境的协调，避免因政府管制而造成的成本，降低环境影响，提高环境绩效，从而增强企业竞争能力。

美国的麦肯锡公司曾经对全球数百位执行官进行过调查，有92%的 CEO 和董事会成员认为，环境问题应当成为企业管理的三大重点之一，有85%的人宣称，他们主要的工作目标之一，应该是探索如何将环境问题整合到企业的总体经营战略之中。

环境战略涉及调动独特的资源和能力集合，环境战略依赖于管理者的判断力和对环境问题的理解。目前我国大力推行的"节能减排"政策，有观点认为，企业有钱了，在经济目标实现之余，才会有节能减排和履行社会责任的实力和意识，现在，经济下行压力大，企业忙于经济目标，无可非议会舍弃履行节能减排和尽社会责任的义务。有关的调查显示，我国企业重生产轻环境保护是相当普遍的现象。例如，在 2007 年对企业社会责任的一份问卷调查中，企业在对"企业是否严格按照该行业的环境保护法规或标准的要求来安排生产"的回答中，选择"是"的只占38.76%；在对"对企业没有能力投资环境保护设备而导致企业生产违反环境保护法规的经营行为的态度"的回答中，选择"不可姑息，严惩不贷"的仅仅占3.98%。在没有创新的情况下，企业资源在生产经营活动与节能减排、社会责任之间分配时，可能是一个零和博弈。企业资源用在其他生产经营活动上，在节能减排、社会责任方面的投入，自然会少了。余菁认为只要我们引入创新这个因素，许多看似无解的目标，就可以找到新的、更具可持续性的解决方案。通过创新，从务实地履行社会责任的行为中，找到更多的、行之有效的应对危机、提高竞争力和实现未来发展的商机，变被动为主动，使节能减排能够从企业的"装饰品"、"奢侈品"，真正转变为企业提升竞争力的"战略必需品"。

从目前的形势来看，节能减排是一个政治问题，上至国家最高领导人，下至各地方政府，无不把"节能减排"作为一项重要的政治任务来抓。节能减排对于一个企业来说，就是要把节约发展、清洁发展和创新发展视为企业提高参与全球化市场竞争能力的战略选择。正确处理好当前利益与长远利益、经济利益与环境利益、企业利益与社会利益等关系，在满足用户对产品功能多样化要求的前提下，更加注重产品的环境因素。通过产品的资源化循环利用及对新产品开展生命周期分析的研究，努力做到产品功能与环保性能的和谐发展。美国著名的生产工业地毯的英特费斯公司总裁雷·安德森在《财富》杂志上阐述未来公司的计划时说："我的公司——亚特兰大的英特费斯公司，正在改变经营方针，我们要做到可持续发展，发展时不破坏地球，生产时不污染环境，不生产废料。"实践证明，凡可持续发展的生产力才是先进生产力，凡可持续发展的文化才是先进文化，凡可持续发展的战略才是国家长治久安的大战略。

"节能减排"带来的不仅有压力，还有机遇，并且许多分析师都认为对于上市公司而言，机遇将大于压力。从钢铁行业来看，落后钢铁厂的淘汰，将有助于降低能耗，而且有助于避免整个钢铁行业产能过剩，从而保持建筑用钢市场价格稳定，防止整个行业出现大起大落。2007 年，鞍钢实现钢、铁产量双超 1600 万吨，而吨钢综合能耗、吨钢可比能耗、吨钢耗新水与 2006 年同期相比，分别降低1.87 个百分点、2.31 个百分点和 6.5 个百分点。实现节能 25 万吨标准煤，节能效益 2.2 亿元。鞍钢在发展企业保护环境上实现了标本兼治，尝到节能减排的"甜头"。在信息产业部主办的第 36 届世界电信日纪念大会上，诺基亚公司与众不同地提出了"环境战略"，让人不禁拍手叫好。在这种难得的盛会上，企业一般都抓紧机会长篇累牍地宣传业绩或推销业务，诺基亚的过人之处是，谈环境理念，少谈或不谈业绩和业务，让听众们眼前一亮。诺基亚抓住了用户心理，引起了共鸣。诺基亚的"环境理念"体现了对消费者权益的尊重，真真正正把消费者视为"上帝"，让人备感温暖。"环境理念"秉承了诺基亚"科技以人为本"的理念，并以它为中心，"与时俱进"地实施了"可持续发展"和"环境战略"等子战略。诺基亚实施环境战略带来利益的增加，赢得了公众的信赖和尊重。

无数实践说明：任何一件事情，没有自觉的意识，那就绝对不可能做好。"环境意识"这个概念来自于西方，中文的"环境意识"是对英文"Environmental Awareness"一词的翻译。但在英语世界里，人们讨论环境意识时，更多的是使用"环境素养"（Environmental Literacy）、"新环境范式"（New Environmental Paradigm，简称NEP）和"环境关心"（Environmental Concern）等词汇。从根本上讲，环境意识是一个哲学的概念，是人们对环境和环境保护的一个认识水平和认识程度，又是人们为保护环境而不断调整自身经济活动和社会行为，协调人与环境、人与自然相互关系的实践活动的自觉性。环境意识包括两个方面的含义，其一是人们对环境的认识水平，即环境价值观念，包含有心理、感受、感知、思维和情感等因素；其二是指人们保护环境行为的自觉程度。这两者相辅相成，缺一不可。2006年南京市环境保护科学研究所对南京市29家工业企业进行了节能自愿协议问卷调查。调查结果显示，愿意尝试采用节能自愿协议手段辅助解决环境问题的企业达20家，占到了总数的69%。而且部分工业企业对节能自愿协议表现出了浓厚的兴趣与极大的热情，愿意进行自愿协议的试点工作。对节能自愿协议在工业环境管理中的作用，19家企业认为该协议可以提高企业的生产效率和管理水平，减少消耗，减少排污费；17家企业认为可以实现更高的环境目标，最大程度地减少企业环境风险。从而表明，采用节能自愿协议可以提高企业的生产效率和管理水平，减少能耗，减少排污费及可以实现更高的环境目标，最大程度地减少企业的环境风险。

节能减排不只是简单的口号和行动，而是一次次解放思想、技术创新、管理突破的过程；更是一场上下齐心、波澜壮阔的攻坚战。企业应从战略高度看待节能减排，将节能减排作为企业环境战略的重要组成部分。这是一个从义务到商机、从商机到重新定位，逐渐将环保因素融入企业总体战略与运作当中去的一个过程。

二、企业节能减排战略安排

中国社会科学院工业经济研究所企业制度室副主任、中国社会科学院经济学部企业社会责任研究中心副主任余菁认为，战略性的节能减排对应的是更为高级的节能减排责任，这类节能减排活动要求企业从价值观、战略决策、组织过程和企业文化层面对自身行为与资源、环境之间的关系作出系统性和持续性的安排。

（一）培植企业节能减排文化，树立节能减排形象

节能减排工作是企业的一项长期任务，需要全体干部职工的共同参与。而在此过程中，企业文化起着重要的作用，毕竟在良好的企业文化熏陶下的干部职工，思想意识上更容易接受节能减排的工作任务。反过来说，节能减排作为利国利民的正确措施也必将成为企业文化的有机组成部分，进而形成企业特有的节能减排文化。

立邦公司作为国际知名涂料公司，多年来一直致力于环保漆的开发和研制，时刻关注人类生存的环境，视环保为己任，在经营活动中推行"企业环保哲学"，积极支持环保运动和可持续发展战略，参与环保政策的讨论与制订，并率先将这些关系到子孙万代的美好蓝图付诸于实际行动。杜邦的员工都铭记一句名言，"尽量不要在地球上留下脚印。"这句话有两层含义：一是尽量少用不可再生的资源；二是所有排放物尽量减少到最低限度，不对环境造成伤害。因此废料减量和资源再生利用成为杜邦环境管理的重点。杜邦从1990年开始每年设立公司"环保奖"，以鼓励全体员工投身环保事业，为保护环境作贡献。公司的环境保护目标：全面实行清洁生产工艺、全员参加无（低）污染、低消耗、高产出的工作。立邦公司的信条："环保"不是结果，而是持之以恒的过程。

在《财富》杂志（中文版）的2008年第3号刊中，《财富》与著名顾问公司Account Ability联合进行的2008中国企业责任调查结果出炉，国家电网公司榜上有名，被评为"2008中国十大绿色公司"之一。就在全社会都在倡导节能减排的时候，国家电网公司早已将"绿色电网"的概念普及。

　　企业节能减排文化的培植首先要从企业内部挖潜，企业通过借题发挥来发动广大职工群众。任何企业都有着自己的发展史，在企业发展历程中势必涌现出一批又一批的劳动模范、先进集体和个人，也留下了宝贵的精神文化财富，进而形成了企业独特的文化内涵。所谓"借题发挥"就是要将前辈人不怕吃苦的创业精神很好地加以继承和发扬，通过组织丰富多彩的文艺活动，参观本企业发展历程展等来广泛宣传艰苦奋斗的精神，增强现代人的节能减排意识。让现在的干部职工，尤其是年轻职工认识到，继承和发扬前辈人艰苦奋斗的优良传统不是要"冲锋陷阵，流血牺牲"，而是要及时关电脑、关灯、拧紧水龙头、节约每一张纸、每一个螺母等每一件小事。

　　应根据本单位实际，重点突出形势、法规、技术、典型四方面宣传。一是在总体形势宣传中，通过公司网或内刊向全体员工发出"节能减排"倡议书，并利用黑板报、公布栏等重点宣传当前面临的节能减排形势和任务、实施节能减排已经取得的成就、存在的问题和对策，使大家了解企业节能减排形势任务，以此增强全厂职工的紧迫感，把员工的思想和行动统一到节能减排工作部署上来。二是加大企业节能减排措施、工作部署以及各单位节能减排具体措施等的宣传，让广大员工明确自身职责和任务，增强做好节能减排工作的责任感和主动性。三是组织开展节能、环保知识宣传活动，使广大一线岗位技术员工充分了解节能减排的基本知识和途径；重点加大国内外节能减排新技术的宣传，尤其是能源替代、减少污染物排放的新途径、新举措等。通过宣传，开阔员工视野，打开节能减排工作思路，力求在节能减排方面有更多的新技术得到运用。四是充分利用会议、宣传栏、内部简报等多种形式，大力宣传在节能减排工作中涌现出来的先进典型，激发企业一线岗位技术人员在节能减排工作中的争先意识，努力在本职岗位上创出节能减排新业绩。开展"节能减排示范岗"创建活动，以此强化节能减排自主管理能力建设，开展与能效先进水平对标活动，瞄准先进水平，寻找差距，制定和实施提高能效的工作方案，创造更多的一流工作业绩。在开展创各岗位文明号和评选各岗位技术能手活动中，可突出节能减排主题，进一步提高广大员工对节能减排重要性、紧迫性的认识。如开展"我来谈节约"演讲比赛,"节能减排、小事做起"为主题的岗位文明号节约活动。中煤集团大屯公司注重节能宣传与节能知识普及工作,把节能宣传培训工作纳入企业职工素质与企业文化建设内容。三年来,富有成效地组织了"节能宣传周"、"节水宣传周"等活动,通过画廊、板报、电视、报纸、广播、知识竞赛、节能降耗学术论文征集、节能降耗学术研讨、节能合理化建议、节能"金点子活动"等舆论阵地和各种宣传形式,积极营造了节约资源的良好舆论氛围。

全国人大代表、华泰集团董事长李建华一直倡导"产量是钱,环保是命,我们不能要钱不要命","荣誉有多高,责任就有多重","社会责任不仅不是负担,它还是企业发展的催化剂"。他说,"作为一个企业家,要有一颗雄心,更要有一颗良心。一个企业如果单纯为了企业自身的生存,一个企业家单纯为了自己够吃够喝,那是小富即安,那是暴发户,成不了大气候。做企业,就应该像做人一样。做人,要有强烈的事业心、责任感、使命感,才能算得上真正有意义的人。我始终认为,人生就是要执著追求,实现人生价值;就是要拼搏奋斗,奉献社会、奉献人民;就是要为建设稳定、和谐、安全、富强的祖国而奋斗!""企业承担的社会责任越大,在社会的影响和带动作用也就越大,也就越受到党和国家以及人民群众的支持。""2006绿色中国年度人物"中,黄鸣魁是唯一的企业家。他领导的皇明太阳能集团有限公司为中国开启一个环保节能的清洁行业。2008年8月30日至9月5日,国际标准化组织(以下简称ISO)ISO26000社会责任工作组第六次全体会议,在智利首都圣地亚哥举行,全球共有80多个国家的400多名专家和观察员参加了此次会议。我国国家标准委、人力资源和社会保障部、国家认监委、中华全国总工会、中国企业联合会、国家电网公司等政府部门和大型央企派代表参加了会议。广西玉柴集团以观察员身份参加了此次会议,是出席此次会议的唯一中国地方企业。玉柴集团晏平董事长家里用的都是节能灯,热水来自太阳能热水器。当记者问董事长,这些节能产品的经济效益如何?晏董事长笑着回答:"用节能产品主要考虑的不是钱,而是公民的社会责任。就像我们研发和生产低排放柴油机一样，首先考虑的是企业的社会责任。满足国家排放法规不是唯一的理由。当然，国家排放法规的严格执行，有利于创造一个平等的竞争环境，保护具有社会责任感的企业的利益。"晏董事长特别重视企业文化，强调要营造一个以研发、生产和销售低排放发动机为荣的企业氛围。"既然我们很有信心地提高产量，我们就有义务把每一台发动机的排放降下来。随着发动机产量的增加，不增加甚至减少排气污染物的总量，达到可持续发展的要求。"

（二）建立节能减排管理体系，提高节能减排管理水平

1. 健全节能减排环保体系

企业实现节能减排，不能仅靠上马新设备、运用新技术、淘汰旧的生产线，还要从细小的环节做起，建立一套系统的节能管理体系。要从意识、法规、政策、制度、技术以及组织行为、机制、措施等各个方面入手，明确企业节能工作发展目标，将企业节能工作纳入标准化管理，促进企业节能工作的程序化、定量化和系统化，提高企业节能技术水平。赢在源头、赢在建设、赢在管理，这是华电集团节能减排取得阶段性胜利的原因。"通过精选、优建、严管，中国华电推动节能减排向源头疏导转变、向可控在控、向标本兼治转变。"华电集团公司总经理曹培玺强调。

节能减排对企业的生存和发展来说是一种发展战略，要实践这种战略，需要机制设计。节能减排的机制设计包括：制度体系机制设计，利益机制设计。管理机制设计，项目运行机制设计。没有节能减排的机制设计，就很难实现节能减排绩效。大庆油田把发展循环经济作为提升节能减排工作水平的新途径，按照"减量化、再利用、可循环"的管理思路，采取观念引导、技术支持、政策鼓励等措施，扩大放空气、采出污水、采出液余热、含油污泥等再利用规模，实现公司经济效益、社会效益和生态效益同步发展。油田综合含水达 90.98%，全年注采总量相当于 9 个杭州西湖的蓄水量，处理污水 4 亿多立方米……这就是 2007 年的大庆油田。与 2000 年相比，大庆油田注水量增加 7.32%、产液量增加 16.7%、总井数增加 59.4%，然而，油田能耗总量却奇迹般降低了 4%，这不得不让人猜疑：能耗大户如何能创造出源源不断的绿色效益？立体化节能减排

管理正是其中的"秘密"。齐振林说："目前油田以提高能源综合利用效率为核心，系统优化思路发生两大转变。一是由地上服从地下转变为地上服从地下，地下兼顾地上；二是三大工程系统各自优化转变为整体优化。"2007年华电集团成立了节能减排工作领导小组，由总经理担任组长，各部门负责人为成员。尽管公司之前也很重视节能减排，有和节能减排领导小组职能相同的部门，一来没有现在的节能减排工作小组地位这么高，不能这么有效地调动资源；二来以前节能和减排从没有联系在一起，没有系统地推进这个工作。同年，华电集团组织专家完成了33家企业节能评价工作。在此基础上，2008年狠抓"对标管理"对华电集团系统的节能减排工作进行统一领导、组织、监督和检查，定期分析研究节能减排工作，建立节能环保信息发布制度和共享平台。在日常管理中坚持每日生产调度会议制度，对每日的生产指标进行分析。每月对所属企业、机组的能耗水平进行测算，编制阅读主要能耗指标计划，以月度保季度，以季度保全年。各部门、各地区、各企业，将节能减排目标完成情况纳入企业年度业绩考核和干部年度考核的重要内容。节能减排考核指标从原来的附属指标成为了关键要素的指标，占总分的比例由以前5%提升到了20%。千家企业中95%以上的企业建立了专门的能源管理机构，配备了相关能源管理人员。太钢设有专门的能效水平对标管理办公室，2007年确定公司级能源对标指标10项，厂级对标指标18项，基本涵盖了能源工作的各个方面，通过围绕关键指标开展攻关，一项指标居行业第一。四项指标进入行业前三名，其余指标均超过行业平均水平。

2. 建立节能减排考核机制

成立节能领导小组，组建节能环保管理办公室，进一步明确节能环保管理办公室的职责，即负责贯彻落实国家、地方各级政府关于节能、节水的法律、法规及方针政策，制定相应管理办法；根据国家及地方政府下达的能耗考核指标，对各专业化公司及直属机构下达能源消耗计划、产品单耗限额，实施严格考核；对重点用能单位工程项目可行性研究报告中的节能、节水效果进行审核和评价；组织本企业节能技术改造项目的立项、审查上报、项目实施监督及效益跟踪管理；组织开展节能、节水宣传培训活动等。同时，在各专业化公司及下属单位设立了节能、节水专兼职机构和人员，负责指标分解、统计、考核、现场管理等，从而形成上下联动、辐射全公司的节能、节水管理网络。层层分解节能责任，把节能减排指标完成情况纳入各单位领导班子和领导干部综合考核评价体系，建立涵盖全能源生产、流通、消费及主要污染物排放的统计体系、调查体系及节能激励机制体系，形成"一级抓一级，一级考核一级，层层抓落实"的工作局面。实施动态管理，落实节能减排"两考一调"制度，即节能绩效考核评价制度、节能奖励制度、节能减排周调度制度，对节能发明创造、节能挖潜革新等工作中取得成绩的集体和个人给予奖励；对于浪费能源的集体和个人给予惩罚，将节能目标的完成情况纳入各级员工的业绩考核范畴，严格考核，节奖超罚。将节能环保工作纳入每季度经济运行调度会汇报内容，与经营管理工作同步部署、同步检查、同步落实、同步考核，以便于及时发现和解决推进工作中存在的问题，推动节能减排工作深入开展。

莱钢把各项能耗指标细化分解到工序，每天公布有关指标日考核结果。节能减排工作占月度经济责任制百分考核的 25 分，设立工序能耗否决指标，完不成指标者不得参评任何先进，并视情况扣减领导班子的奖励年薪。贵州开磷实行以能源消耗定额为核心的经济责任制，将水、煤、电、油等能源消耗直接与员工工资挂钩，实行节奖超罚，每位职工都能从能源消耗考核日结日清公开栏中直接看到自己前一天能源消耗的奖罚数额，调动了职工节能降耗的积极性。

3. 发挥员工节能减排作用

节能减排要以人为本，关键在于人的节能行为的质量提升。职工是节能减排的主力军，要着力营造"人人讲节能减排、事事讲节能减排、时时讲节能减排"的浓厚氛围，引导广大员工切实转变观念，提高思想认识，增强做好节能减排工作的积极性。

日本人善于节能是毫无疑问的。在日本，夏有"清凉商务"活动，号召人们脱掉外套，去掉领带，将办公室空调调到不低于28℃；冬有"温暖商务"活动，希望人们套上毛衣，穿上大衣，把办公室的暖气调到不高于20℃，从而降低能源消耗。"清凉商务"实施第一年颇有成效，据东京电力公司统计，仅在东京一处，2005 年 6 月至 8 月就节约了 7000 万度电，足够东京 25 万人使用 1 个月，而在整个日本，保守的估计是总共节约了 2.1 亿度电能。在一些日本家庭，房间加热器装有传感器，可以仅对着人加热，用过的洗澡水再用来清洗自行车。许多家庭还装有能源检测仪，记录家庭的能源使用情况。日本能源问题专家吉田人志说："这不仅仅是技术，这是一种完整的思维模式。在日本，政府、企业、普通公民都迷上了节能。"

节能减排任重道远，要充分发挥企业一线岗位员工岗位分布广、工作经验丰富的优势，集思广益，让大家在思想上高度认识，在行动中认真落实，从身边小事做起，从自我做起。古人云："不积跬步，无以至千里；不积小流，无以成江海。"新汶矿业集团孙村煤矿在全矿范围内开展了"修旧利废大家谈"座谈会和修旧利废"金点子"征集活动，号召职工从节约"一块抹布、一团棉纱、一根螺丝钉、一张纸、一滴油、一分钱"做起，厉行节约，降本增效，为企业分忧；在全矿职工中开展了以"争当增收节支先锋，做挖潜增效模范"的系列活动，向全矿职工发出了《节能公约》："点滴节能，汇涓成河"，"人走电器停，您一年可节约三百度电"，"滴水成河，请您节约用水"，这些"节能小贴士"随处可见。开源节流、节约挖潜、人人向点滴要效益已成每位职工的自觉行动。

4. 抓好节能减排细节

抓好节能减排细节关键在于细化量化节能降耗。不细化到日常生活和工作中的每一个环节，并将其量化为指标，节能降耗就等于纸上谈兵，就不能系统化开展工作，效果也就不言而喻。一度电，不到一元钱，但在家大业大的太钢，却要当作一件大事来"管理"。在太钢热连轧厂，根据照明灯的安装位置和种类，管理者对其进行分类、分工管理，并对厂房顶棚灯、厂房大门外侧门灯及车棚、办公场所等照明分季节严格规定了开关时间。该厂设备能源科科长张志东给记者算了一笔账，通过对某一生产线的照明管理。1 个月可节约 2 万度电，合计 6000 多元。这样的"小事"随处可见：水处理泵原来启动时需要 3 秒，现在改为 1 秒；以前关闭时需要 6 秒，现降到 1.6 秒，仅这几秒钟的改变，3 台泵每月就可节省 8000 多立方米

的水。罩式炉净环水改成软水后，实现内部循环，每月可节水 8.6
万立方米。蒸汽冷凝水以前排掉了，现在全部利用起来。将冲厕、
消防、绿化、冲洗等用水从目前的生活水系统中分离出来，改为循
环水。类似这样的例子不胜枚举。正是这点点滴滴的"小事"，如涓
涓细流汇成汹涌澎湃的波浪，冲刷、涤荡出一个崭新的太钢。同样
的工程，同样的环境，不同企业会出现不同的效果，有的亏个大窟
窿，有的抱个"金娃娃"，为何？其中重要一点是节能降耗工作做得
好与差。据测算，现今，一项工程从开工到建成，仅材料费用就占
造价的 60%～70%，如果我们有效控制成本，从一滴油、一根钉做
起，能省一分是一分，前景就很广阔。假如在建工程项目 25 个，投
资少则几千万，多则超过两亿元，一个项目节省 50 万元并不很难，
这就等于给企业带来了 1250 万元的利润。

5. 搞好科技创新工作

保护环境和资源，普及节能意识，在实现企业经济效益的同时
体现其社会价值是实现可持续发展的必然选择，因此企业要加强环
保科技投入，研发各种新技术、新产品，推进节能减排。在没有创
新的情况下，企业资源在生产经营活动与节能减排、社会责任之间
分配时，可能是一个零和博弈。企业资源用在其他生产经营活动上，
在节能减排、社会责任方面的投入，自然会少了。通过创新，从务
实地履行社会责任的行为中，找到更多的行之有效的应对危机、提
高竞争力和实现未来发展的商机，变被动为主动。西门子集团宣布，
其未来 5 年将在华投入的 100 亿美元中，有近 50 亿美元用于节能环
保；志高空调近年来先后研发出集"超静音、超节能、超健康"于
一体的"三超王"空调、1 瓦待机双节能产品，以及刷新世界能效
纪录的直流变频数码"三超王"等。华能集团近日宣布，将致力于
发展清洁高效的绿色能源。众多企业致力于研发节能产品，推行环
保战略，其意义不仅在于推广自身的产品和技术，同时也体现了这
些企业的社会责任。安徽合肥市市长吴存荣代表说："对于企业而
言，重视自身的责任，积极采取节能减排的措施，关系到企业健康
发展的长远利益。节能减排是一个阳光产业，算总账是节约成本，
而不是增加成本。"据有关研究分析，全国现有生产（生活）能力

中，技术上可行、经济上合理的节能潜力约为 1.5~2 亿吨标准煤，节能的投资（形成吨标煤节约能力的投资）仅为能源开发投资（形成吨标准煤生产能力的投资）的 2/3；节能成本为能源供应成本的 40%。企业如果能充分领悟，把握机会，一定能在"拯救环境"的契机中拯救自己，壮大自己。"节能减排让我们尝到了甜头。"中化涪陵总经理王川如是说。就在多数企业还认为节能减排搞环保只是投入没有产出的时候，中化涪陵却用自己的实际行动证明，通过节能减排、促进技术设备升级，废气、废渣都能变成宝贝，减污、增效可以一举两得。

第八章

节能减排制度的企业经济
分析与发展策略

第一节 新型节能减排制度下的企业成本分析

环境问题是经济外部性的表现，环境污染是典型的外部负效应表现，相反，优美的环境又提供着外部收益。随着可持续发展的观念日益深入人心，节能减排、治理污染、保护环境成为各国政府政策措施的重要组成部分，因此各国针对环境保护问题纷纷推行了许多节能减排制度。从经济学意义上而言，这些节能减排制度的实施构成了环境经济外部性的内部化路径，使得企业在日常生产经营过程中，不得不将环境作为一种生产要素，进而影响了企业的经营效果。

一、新型节能减排制度下的短期生产函数

短期生产函数表示在一定时期内，在技术水平不变的情况下，生产中所使用的各种生产要素的数量与所能生产的最大产量之间的关系。用 Q、L、K、N、E、E_t 分别表示产量、劳动、资本、土地、企业家才能和环境生产要素，则生产函数的公式为：

$$Q = f(L, K, N, E, E_t) \qquad (8\text{-}1)$$

在短期生产中，有些要素投入量不随产量的变化而变化，比如机器设备、技术能力、人员数量等等，短期生产中厂商产出增加将主要依赖环境等可变生产要素的投入增加。为了分析的便利，并考虑长期生产中环境生产要素与资本要素之间的明显替代关系，短期生产函数可以写成：

$$Q = f(K_0, E_t) \qquad (8\text{-}2)$$

式中 K_0——资本投入量；

E_t——环境生产要素投入量。

在短期内，K_0 不能灵活变动，为了维持和扩大生产，厂商只能增加对环境生产要素的投入，即通过购买环境容量获得相应的排污权限。由此，可以得到环境生产要素的总产量（TP）、环境生产要

素的平均产量（AP）和环境生产要素的边际产量（MP）这三个概念。其中：

$$TP_{Et} = f(K_0, E_t)$$
$$AP_{Et} = TP_{Et}(K_0, E_t)/E$$
$$MP_{Et} = \Delta TP_{Et}(K_0, E_t)/\Delta E_t$$

图 8-1 是一种可变生产要素的生产函数的产量曲线图，它反映了短期生产的有关产量曲线相互之间的关系。

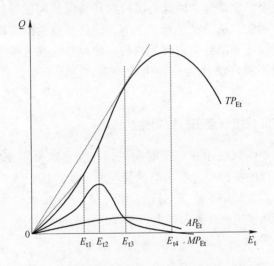

图 8-1　一种可变要素的生产函数的产量曲线

这里环境生产要素的边际产量表现为增加一单位环境生产要素投入量所增加的产量，换句话说也就是通过测量将要增加的产量数值就可以计算出将要投入的环境生产要素数量。这一函数值在厂商短期生产行为中起着很重要的作用。短期生产中，由于时间、技术水平以及资金的限制，厂商无力对生产要素重新组合，而面对市场供需环境的瞬息万变，当厂商面对日益扩大的市场需求时应该尽快加大生产提高产量。然而只要生产就要排污就要消耗环境容量，在企业排放污染物被严格限制的条件下，违反规定强行生产，强行排放污染物的后果就是关门停产，并且相关责任人将受到一定的刑事严惩。而将环境生产要素加入到传统生产要素体系之中，企业想要排污只要到市场购买相应数量的环境容量（即排污权）即可，生产排污需要多少环境容量来承载排放的污染物就到市场上购买多少环境容量，即：

$$Q_{Et} = Q/MP_{Et}$$

式中　Q_{Et}——环境容量的数量；

　　　Q——厂商生产的产品产量；

　　　MP_{Et}——环境容量的边际产量。

与此同时，应用 MP_{Et} 也方便了对产品单位成本的核算，用 c 表示单位产品成本，则：

$$c = C/Q$$

式中　C——总成本；

　　　Q——总产量。

因此，环境生产要素纳入到企业生产原材料成本中，只要在 c 的基础上再加上 c_{Et}/MP_{Et}（c_{Et} 为单位环境容量的价格），即生产一单位产品消耗掉的环境容量的价格即可。这时的单位产品成本包含环境价值，对日后的产品市场定价及绿色营销提供了重要的参考依据。

二、环境生产要素的边际报酬递减规律

在技术水平不变的条件下，连续等量地增加某一种可变生产要素，当这种可变生产要素的投入量小于某一特定值时，增加该要素投入所带来的边际产量是递增的；当这种可变要素的投入量连续增加并超过这个特定值时，增加该要素投入所带来的边际产量是递减的。环境生产要素参与企业的生产活动，在短期生产中同样有着边际报酬递减的规律。

在图 8-1 中可以看到，由边际报酬递减规律决定的环境生产要素的边际产量 MP_{Et} 曲线先是上升的，并在投入量为 E_{t2} 时达到最高点，然后再下降。原因在于：对于任何产品的短期生产来说，可变要素投入和固定要素投入之间都存在着一个最佳的数量组合比例。在开始时，由于不变要素投入量给定，而环境生产要素作为可变生

产要素，它的投入量为零，企业生产产生的污染超过了自身被允许的排污范围，这时通过改进生产工艺技术在短期内是没有办法实现的，为此，通过购买环境生产要素就可以保证短期内在现有生产工艺技术的条件下进行生产。随着环境生产要素投入量的逐渐增加，生产要素的投入量逐步接近最佳的组合比例，相应的环境生产要素的边际产量呈现出递增的趋势。一旦生产要素的投入量达到了最佳的组合比例，环境生产要素的边际产量达到最大值。在这一点以后，随着环境生产要素投入量的继续增加，生产要素的投入量越来越偏离最佳的组合比例，相应的可变要素的边际产量便呈现出递减的趋势了。也就是说，当环境生产要素增加到某一数值时，厂商原有的生产要素已经达到了最佳的利用状态，再增加环境生产要素的投入只能是增加生产成本，而不会带来产量的增加。并且环境生产要素即环境容量的使用有严格的时间性和地域性，不能够进行储存，这就更加要求厂商在短期生产中严格监控各生产要素的组合比例，在环境生产要素的边际产量达到最佳时刻时即停止对环境容量的投入，将富裕出的环境生产要素转让出去，以此减少不必要的成本支出。

所以，短期内通过增加环境生产要素投入来保证生产是可取的，而当环境生产要素的边际产量呈现出递减趋势时，厂商就要重新对生产要素进行组合，以此降低其边际产量递减所带来的边际成本上升的损失。此时，$MP_{Et} = \Delta TP_{Et}(K_0, E_t)/\Delta E_t = 0$。而 $MP_{Et} = 0$ 这一点正是企业要进行技术改革或是生产要素组合重新配置的警示时刻。

三、环境生产要素的短期总产量和短期总成本的关系

由厂商短期生产函数出发，可以得到相应的短期成本函数。由式（8-2）可得：在资本投入量固定的前提下，可变要素环境生产要素投入量 E_t 和产量 Q 之间存在着相互依存的对应关系。这种关系可以理解为：厂商可以通过对环境生产要素投入量的调整来实现不同的产量水平。也可以反过来理解为：厂商根据不同的产量水平的要求，来确定相应的环境生产要素的投入量。根据后一种理解，且假定要素市场上环境生产要素的价格 u 和资本的价格 r 是给定的，则可以用下式表示厂商在每一产量水平上的短期总成本：

$$STC(Q) = u \cdot E_t(Q) + r \cdot K_0 \qquad (8\text{-}3)$$

式中，$u \cdot E_t(Q)$ 为可变成本部分，$r \cdot K_0$ 为固定成本部分，两部分之和构成厂商的短期总成本。如果以 $\phi(Q)$ 表示可变成本 $u \cdot E_t(Q)$，以 b 表示固定成本 $r \cdot K_0$，则短期总成本函数可以写成以下形式：

$$STC(Q) = \phi(Q) + b \qquad (8\text{-}4)$$

至此，由式（8-2）的短期生产函数出发，写出了相应的短期总成本函数。显然，短期总成本是产量的函数。

短期生产函数曲线如图 8-2 所示。

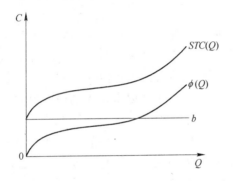

图 8-2 环境生产要素化厂商的短期成本曲线

进一步地，将劳动生产要素纳入到厂商的短期生产函数中，这样，

$$Q = f(K_0, E_t, L) \qquad (8\text{-}5)$$

假定要素市场上劳动的价格为 w，则厂商在每一产量水平上的短期总成本将表示为：

$$STC(Q) = u \cdot E_t(Q) + w \cdot L(Q) + r \cdot K_0 \qquad (8\text{-}6)$$

这时厂商的可变成本 $\phi(Q)$ 变成了 $u \cdot E(Q) + w \cdot L(Q)$，由此可见，将环境生产要素纳入到厂商生产成本体系中会增加厂商的短期成本。具体原因为：环境生产要素化之前，企业的生产不对环境消耗直接补偿。但厂商的排污行为又是与其生产行为同步的，随着商品的不断生产，商品数量不断增加，同时生产过程中产生的并直接排放到环境中的污染物也不断增加。环境生产要素纳入到厂商生产要素体系中后，企业要排放污染物就必须先到环境生产要素市场购买其预期使用数量，然后才能排污，即环境生产要素的使用是与生产产品过程中所投入的劳动与资本的消耗同步的，那么对环境的补偿也要与对环境生产要素的消耗同步。为此，在厂商短期生产行为中，原本没有纳入到厂商生产成本账户中去的环境生产要素，如今被实实在在地计入到了成本账户之中，对环境生产要素的使用势必要增加厂商成本。但增加厂商成本不是目的，目的是使企业合理排污，通过环保型生产方式减少对环境的破坏，使环境容量保持理想的自净能力。

厂商的短期成本增加是有边界的。环境生产要素的投入和固定要素投入之间存在着一个最佳的数量组合比例。在厂商短期生产过程中，各种生产要素的组合能力得以充分发挥时所生产的产品产生的最大排污水平就是环境生产要素投入的最理想水平。对环境生产要素的投入超过这一水平对厂商来说就是浪费。同时环境生产要素与生产中的原材料不同，其具有严格的时间性，购买的环境生产要素必须在规定的时间内使用，逾期将作废。为此，厂商在合理衡量短期生产能力后购买环境生产要素，也将控制短期成本的增加。

四、新型节能减排制度下的长期总产量和长期总成本

在长期内，所有的生产要素的投入量都是可变的，多种可变生产要素的长期函数可以写成：

$$Q = f(X_1, X_2, \cdots, X_n) \tag{8-7}$$

式中　　　　Q——产量；

$X_i(i=1,2,\cdots,n)$——第 i 种可变生产要素的投入数量。

该生产函数表示：在一段较长时间内在技术水平不变的条件下由 n 种可变生产要素投入量的组合所能生产的最大产量。

如果只考虑两种投入要素——资本 K 和环境生产要素 E_t，则生产函数为：

$$Q = f(K, E_t) \tag{8-8}$$

　　厂商在长期对全部要素投入量的调整意味着对企业生产规模的调整。也就是说，从长期看，厂商总是可以在每一个产量水平上选择最优的生产规模进行生产。长期总成本 *LTC* 是指厂商在较长时间内在每一个产量水平上通过选择最优的生产规模所能达到的最低总成本。厂商可以在任何一个产量水平上，都找到相应的一个最优的生产规模，都可以把总成本降到最低水平。为此长期总成本曲线是无数条短期总成本曲线的包络线，如图 8-3 所示。

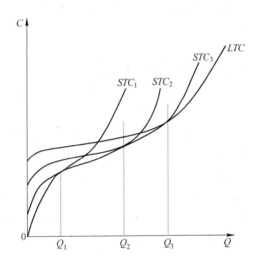

图 8-3　环境生产要素化的长期总成本曲线

　　在这条包络线上，在连续变化的每一个产量水平上，都存在着 *LTC* 曲线和一条 *STC* 曲线的相切点，该 *STC* 曲线所代表的生产规模就是生产该产量的最优生产规模，该切点所对应的总成本就是生产该产量的最低总成本。由此，也可以得出这样一个结论：环境生产要素纳入到厂商生产函数中至少不会增加长期成本，甚至会降低长期成本。其原因在于：短期内厂商由于无法改变其生产规模和生产技术水平，为此只有通过增加对环境生产要素的投入以此维持生产水平；但长期生产中，所有要素都是可变的，厂商在进行生产要素组合时就要从边际成本的角度考虑，用边际成本小的要素代替边际成本大的要素。据前面章节分析可知，长期内环境生产要素的边际价格将上升，企业将努力用提高工艺技术和加强企业管理来替代环境生产要素，减少对环境生产要素的损耗。为此，在短期成本增加的压力之下，厂商将积极改良生产设备，提高生产工艺，增加环保意识，适时调整生产规模，以此达到节能减排指标，并减少对环境生产要素的购买。由此可见，将环境生产要素纳入到厂商生产函数中，增加厂商生产成本，降低其产量不是目的。其目的是促使厂商改良生产技术，开展环保型生产，提高其工作效率，以此减少在生产中对污染物的排放，降低对环境生产要素的使用，最终使环境保持其理想的自净能力。

第二节　新型节能减排制度下的企业利润分析

企业要想创造出更多的利润无非是通过增加企业收益和减少成本两种途径。假定：在完全竞争条件下，企业的生产函数为 $Q = f(E_t, K, L)$，既定的商品价格为 P，既定的环境生产要素的价格、资本的价格和劳动的价格分别为 u，r 和 v，π 表示利润。由于厂商的利润等于收益减去成本，于是，厂商的利润函数为：

$$\pi(E_t, K) = P \cdot f(E_t, K) - (u \cdot E_t + r \cdot K + v \cdot L) \quad (8\text{-}9)$$

式中　　　$P \cdot f(E_t, K)$ ——收益；

$u \cdot E_t + r \cdot K + v \cdot L$ ——成本。

新型节能减排制度要求将环境生产要素纳入到厂商生产要素体系中来，那么这将怎样影响企业的利润结果？它对企业的战略选择又将产生怎样的影响？传统上为获得尽可能大的利润，厂商通常有两种做法，即两大利润源，第一利润源是增加销售额；第二利润源是降低生产成本。

从式（8-9）可见，企业增加收益势必通过提高产品价格或增加销售额。然而竞争激烈的产品市场存在着大量的同类商品，产品的市场需求富有价格弹性，在这种情况下企业单方面提高产品价格势必丢失市场份额。与此同时企业能够坚守原有市场份额已经不易，再想进一步开拓销售市场，增加销售额更不是易事。因为靠增加销售额提高利润的方法包括降价促销、广告促销、产品差异化和提高产品的功能和质量。其中降价促销和广告促销都在不成熟的市场上较为常见，但长期内价格下降促使其他企业效仿，最终价格是降下来了，可销量并不一定上升，利润就更谈不上增加了；而广告宣传的支出本身就是在增加厂商成本，一定时期和范围内广告只能维持销量，但在提高销售量方面表现不为明显；提高产品的功能和质量也必然伴随着成本和价格的提高，当功能和质量超过消费者的需求时，消费者也不再为成本和价格日益提高的产品付费了。为此，增加企业利润的途径最终往往要靠降低生产成本这一途径来实现。

式（8-9）中成本表示为$(u \cdot E_t + r \cdot K + v \cdot L)$。传统上厂商通过提高生产效率（改进生产技术、规模化）、裁减员工、降低材料成本等来降低$r \cdot K + v \cdot L$部分。裁员的前提条件是生产效率的提高，但厂商要想在短期内迅速提高生产效率是受技术水平和资金条件限制的，并且在我国劳动者权益受严格保护的环境下，裁员也将受到工会与政府两方面的限制；而降低材料成本又要关系到厂商与上下游企业之间的关系，大环境下由于全球资源紧缺，生产原材料大多呈现出供不应求的局面，如果厂商单方面降低材料成本势必将成本转嫁给材料供应商，这会恶化企业与供应商的关系，不利于供应链的稳定；最后通过提高生产效率来降低生产成本，又需要大量的技术投入，而技术革新短期内不可能实现，为此，降低传统生产成本无论短期还是长期，对厂商来说都绝非易事。那么厂商在生产活动中，怎样才能够做到开源节流，取得更大利润呢？重点就将落在降低$u \cdot E_t$所占份额上。

由上节内容分析可知，将环境生产要素纳入企业生产体系中，由于$u \cdot E_t$这一部分将计入企业会计成本中，直接增加了企业的成本支出，短期内企业成本会上升，由此可见，企业短期利润会下降。然而在利润的驱使下，企业要降低成本就会想方设法通过改良设备，提高工艺水平，对生产要素重新组合，开展环保型生产模式，以此减少对环境生产要素的使用。长期生产中，企业生产将取得规模效益，单位产品的原材料成本将降低，同时对环境生产要素使用量的减少将直接降低企业生产成本。同时，以往列入到其他支出项目的环境管理费用改换会计科目计入到企业生产成本中，数量更加明确，对生产成本的分析也更加简单透明化。将环境生产要素支出计入企业生产成本中，更能唤起企业对环境问题的认知，利于企业更加主动地优化供应链；促使企业早日提高工作效率，在更高的水平上合理利用资源，减少废物产生，减少对环境生产要素的使用。

生产要素的重新组合以及生产技术的提高需要一定的时间和资金储备，但长期内企业基于对降低成本获取更大利润的追求，这一目标一定能够实现。为此，长期生产中，企业的利润不会下降，反而会适当地增加。这其中还表现为长期生产中企业将采用更加先进环保的生产技术和科学的管理方法替代边际成本较大的环境生产要素，并且技术和管理在促进环保性增产增效生产中的效果会更加明显。环境生产要素化不会使企业利润下降，反而会使企业利润增加的原因还表现在未来的消费者对企业的环保要求将逐步提高，要求企业提供价格公道、品质上乘、高附加值、并在生产过程中对环境的破坏度相对较小的商品。企业的节能减排生产一定程度上是增加了企业的生产成本，但企业可以通过宣传其环保措施，力求在市场上被消费者择优选择。随着环境意识的增强，以及可持续发展理念的深入民心，公众的环境意识已经逐渐觉醒。在国际消费市场上，绿色产品标志是取得消费者信任获得竞争优势的主要条件。相关民意测试的结果表明，绝大多数消费者愿意为环境清洁支付较高的价格，更多的消费者宁愿多付钱购买对环境有益的产品。企业的环保型生产模式将会赢得消费者的支持和厚爱，更会减少政府壁垒以及国际贸易壁垒的限制，这些方面将有助于企业扩大产品市场，增加企业销售额。

第三节 企业生产要素组合调整应对思路

一、企业生产要素组合调整的基本属性和内容

企业生产过程中的生产要素组合是指对诸多要素的合理搭配与

有机结合。生产要素的组合比例与组合关系是决定企业生产成本的基本因素之一，它在一定程度上决定了企业的生产类型和比较成本的优势，从而影响着企业规模的调整方向和方式。

企业生产中的生产要素组合形式受到其自身和外在两方面因素的影响，但无论怎样调整其要素组合，都要兼顾生产要素质、量的内容以及空间和时间的运动，这一要点在环境生产要素理论中更为突出。质的组合是指诸生产要素进行组合时彼此在技术性质上要相互适应，在生产的不同时期，企业的物质技术和劳务属性、组织管理水平以及产品的等级和规格等有很大差异，环境生产要素与其他生产要素的组合要在质的要求上完全适应，防止因不匹配而导致的环境生产要素浪费和增大成本现象。量的组合是指诸生产要素进行组合时彼此在数量比例上要相互协调，使其在数量上结合合理、配置协调，从而以最少的投入获取最大的产出。

短期内，环境生产要素化的成本压力明显，但难以调整生产要素组合实现替代效果，在订单增加的情况下，甚至会不得不开足马力生产，导致环境生产要素投入片面增加。在一段较长时间内，企业必然会比较各要素的边际成本，着手改变单纯环境生产要素投入增加的状态。

一般而言，技术是环境生产要素的最佳替代要素。燃烧设备及其工艺的改进、生产设备及其工艺的更新、新能源新材料的研发与应用、三废处理与循环利用设备的购置与改进等等技术要素的增加，可以有效减少生产排放，从而替代厂商环境生产要素的耗用。这些事项其实包括了资本要素和土地（自然资源）要素对环境生产要素的替代作用。同时，技术要素的增加还能提高环境生产要素和其他生产要素的边际生产力，在原来投入量条件下产出更多、更环保的产品。从长期来看，在我国当前生产水平条件下，大批量技术要素的应用会明显提高生产效率，降低单位产品的成本，折抵甚至抵消环境生产要素化带来的成本增加。劳动生产要素在一定程度上也可以替代一部分高排放设备，从而替代环境生产要素。管理要素能够提高生产的运行效率，提高环境生产要素的使用率。当然，要不要用这些要素替代环境生产要素，具体用哪一种替代，需要经过不同要素的边际成本分析来确定。由于当前生产中环境生产要素一直是被大量耗用但不作为生产要素来对待的，所以，一旦环境生产要素化，其边际成本就会从零迅速突增，厂商的技术、管理等要素替代活动，也就是生产要素组合调整活动，就会开始。同时，由于环境生产要素供给曲线的竖勺状特点，其边际成本具有较明显的增势，企业为了在增加产出时不至于成本上升太快，会尽可能多地使用其他边际成本较低的要素，从而经常性地调整生产要素组合。最终，在等产量线上升的过程中，企业会谋求较为均衡的要素边际成本，环境生产要素投入量虽然也会增加，但鉴于其快速上升的价格，其投入量上升速度不会快于其他要素。

所以，环境生产要素化可以有效促进企业更新技术，改进管理，提升生产工艺和组织水平，实现低排放生产。虽然短期内会增加企业成本，但长期生产中的成本影响可以在生产要素组合调整中得到抵减，相对于其积极的环保效果和技术改进推动而言，是值得的。环境生产要素化可以把环境意识捆绑到企业的经济核算中，迫使其在追求利润最大化的同时考虑对环境的影响，使其不得不成为"环境理性经济人"。另外，环境生产要素化还可以提高企业的绿色竞争力，提升其生态效率和环境综合管理能力，实现"绿色利润"。

二、企业技术要素与环境生产要素组合调整的规律分析

企业的技术要素投入（包含一定技术水平的生产设备和技术研发投入资本）具有阶段稳定性和随产量增加呈跳跃式增长的特点，而环境要素呈现与产量增长的正相关线性关系，如图 8-4 所示。在研究初期，技术投入既定，一定产量增长范围（ΔQ）内，初始技术要素成本表现为一条水平线段 T_{S1}，初始环境要素成本则为以线段 T_{S1} 的前端点为起点的向右上方倾斜的射线 T_{E1}。在忽略其他要素投入的技术、环境两要素替代关系分析中，T_{S1} 对应的厂商成本 T_1 是从事生产活动的固定成本，也是环境要素消耗量为零时的企业总成本的起点，T_{E1} 在纵轴上对应的各点就是一定产量水平下由技术要素和环境要素组成的总成本的变动轨迹。

当产量增加到 Q_1 时（$\Delta Q = Q_1$），总成本达到 T_3，边际成本居高

不下，生产规模扩张和环境要素成本节约受到技术要素的限制，厂商一次性追加技术要素投入，改进生产设备和工艺，或者上马环保设备，技术要素成本线从 T_{S1} 提高到 T_{S2}，环境要素成本曲线从 T_{E1} 调整为 T_{E2}。技术要素投入的增加对于环境要素投入的削减到底有没有影响，通过比较技术要素投入增加前后同等产量变化条件下的环境生产要素投入成本量就可以知道。在同等产量变化条件下，技术要素投入增加后的环境要素成本增加量 $\Delta T_2 = T_4 - T_2$，技术要素投入增加前的环境要素成本增加量 $\Delta T_1 = T_3 - T_1$。

$$\Delta T_1 = T_3 - T_1 = \Delta Q \tan\alpha_1$$

$$\Delta T_2 = T_4 - T_2 = \Delta Q \tan\alpha_2$$

$$\Delta T_1 = \Delta Q \tan\alpha_2 = \tan\alpha_2$$

新的技术条件改善了单位产量的环境要素消耗量，与 T_{E1} 相比，T_{E2} 的斜率下降，环境要素成本线与技术要素成本线之间的夹角角度 α_1 小于 α_2。产量同等增加，即在 $\Delta Q = Q_2 - Q_1 = Q_1$ 的情况下，增加技术要素投入后的环境要素成本增加量 ΔT_2 必然小于增加技术要素投入前的环境要素成本增加量 ΔT_1，即 $\Delta T_1 < 1$。也就是说，技术要素投入增加可以明显带来环境要素投入的削减，环境要素的减量化使用可以通过技术要素的替代化战略来实现。

在图 8-4 中，T_4 和 T_2 的具体落点与 ΔT_1 的比值关系无关，图 8-

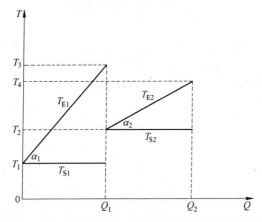

图 8-4　厂商技术要素与环境要素组合调整变动规律

4 的图形位置是为了充分显示技术要素投入与环境要素投入之间替代关系而设定的，在实践中，这种情况也属于正常状态，比较多见。

T_{E1} 和 T_{E2} 两条线的斜率关系由新旧技术条件的单位产量环境要素消耗量决定，所以，要想获得良好的技术要素替代效果，必须选用增产减排效果明显的技术设备。

近几年来，各地排污权交易试点的情况充分说明了厂商技术要素对环境要素的替代效果。2001 年 9 月，南通天生港发电有限公司通过技术要素投入，节余了 1800 吨 SO_2 排放指标，以 450000 元的价格卖给了南通醋酸纤维有限公司，即实现了技术要素对 450000 元环境要素的替代。2003 年，江苏装机容量为 250MW 的下关发电厂引进先进的治理技术，采用炉内脱硫加尾部增湿活化的工艺，使该厂每年排放的 SO_2 减少了 3000 吨，并以 5100000 元的价格三年累计将其中 5100 吨卖给了太仓港环保发电有限公司。以同样方式，2006 年到 2008 年，华能太仓通过购置两套烟气脱硫设施实现了 14810 吨 SO_2 的环境要素替代，实现 31101000 元的替代收入；2004 年，江苏泰尔特染整有限公司在 COD 环境要素的技术要素替代中实现了 90000 元收入。

第四节   不同节能减排制度下的企业经济行为分析

目前世界各国节能减排的控制政策有多种，这些政策大体上可以分为两类，一类是命令控制型政策，如对排污企业的劝诫和说服；对排放物的数量限制与质量限制；另一类是经济激励型政策，它从影响成本效益入手，引导经济当事人进行选择，以便最终有利于环境的一种手段。其中又可以分为税收控制（庇古手段）和排污交易（科斯手段），前者在污染者和公众之间出现财政支付转移，如各种税收和收费、财政补贴、服务使用收费和产品税等；后者产生一个新的实际市场，如许可证交易包括自愿协商和排污许可交易。

就环境税而言，众多学者集中研究了环境税收的概念，杨林等进行了环境税基础理论研究，丰富了环境税开征的基础理论，傅国伟、王永航和贾卫国从不同角度研究了环境税费标准的制定，Bal-lared 和 Medema（1993）应用数学仿真模型分析了减少污染而采取征税和补贴方式对福利所产生的影响，并得出征税比补贴更为有效的结论。就排污交易而言，1972 年 Montgomery 关于排污权交易理论的研究是带有根本性的，认为如果用排污权交易系统代替指令控制系统，就可以节约大量的成本；就如何设计激励机制以便促进厂商的污染治理技术的变迁问题，Milliman & Prince 和 Jung & Krutilla 的研究表明排污权拍卖为污染治理技术提供了最大的激励；De Bondt 等分析了生产成本和新技术创新成本之间的相互作用问题。

前人文献大多数是站在政府视角上进行分析，但是不同的环境政策下，厂商会采取何种行为以求得经营利润最大，这尚值得我们进行深入探讨。

一、政府行政管制型（command and control approach）

（一）理论依据

行政管制是一项传统的节能减排环境保护政策，其理论依据是管制经济理论。所谓管制就是为产业所需并按其利益设计和运行的国家权力，包括直接的货币补贴、新竞争者进入的控制、价格的固定、对受管制产业产品的替代物生产地抑制和补充物生产地鼓励。市场失灵为政府管制市场提供了机会。由于环境具有公共物品的性质，不具有排他性的所有权，存在着外部不经济，易于导致"公地悲剧"的出现。如果生产者与消费者有效地谈判，共同承担治理环境污染的费用，将有助于外部成本内部化。然而与对污染物排放量的直接管制相比，这种谈判被证明是不现实的。因此，作为控制污染物严重超标排放的一种途径，环保管制机构将设立生产过程所用的设备的工程标准以达到治理环境污染的目的。

具体而言，政府环保管制是指国家行政当局根据相关的法律、法规和标准等，达到对生产者的生产工艺或使用产品的管制，禁止或限制某些污染物的排放，以及把某些活动限制在一定的时间或空间范围，最终直接影响污染者的环境行为。当采用经济手段和法律手段不能有效地解决环境污染问题时，国家行政管制应运而生。一定的经济发展水平下，政府环境保护管制力度的提高及管制方式的多样化一定程度上能够限制环境污染排放加大势头，可以极大地改善环境质量恶化的状况。产业的进入壁垒，厂址选择的严格限制等，是政府经常采取的管制手段。

（二）理论分析

考虑在一个污染控制区域内，存在 $n(n > 1)$ 个排污企业构成的污染控制区的环境资源消费群体，是为实现排污总量控制目标而制定的排污上限，政府通过一定标准和机制在这 n 个企业之间分配排污量。为了讨论企业在排污标准确定后，企业依据自身的污染治理费用和生产收益进行环境决策，做如下假设：

假设 1：第 i 个企业在不考虑环境约束时的正常生产量为 Y_i，其生产成本为 C_i，产品价格为 P_i，显然该企业利润 $R_i = Y_i(P_i - C_i)$。为了减少环境污染，政府进行管制，分配给该企业排污量标准为 q_{0i}，如果企业排污需求量为 q_i，则企业生产排污量的差额 $\Delta q_i = q_i - q_{0i}$。

设企业生产量与排污量的关系为 $q_i = f(Y_i)$，其中 $f(0) = 0$，$f'(Y_i) > 0$，那么在环境约束下，企业生产的差额为 θ，即 $\Delta q_i = f(\theta)$。

当 $\Delta q_i < 0$，则企业可正常生产。对于 $\Delta q_i > 0$ 的企业，企业可能的选择如下：如果政府不进行环境超标排放的检查和惩罚，那么该企业通过超标排放而不影响正常生产，当政府进行环境超标排放的检查和惩罚时，该企业要么通过自身治理或减少产量而实现达标排放，要么通过缴纳罚金实现超标排放。

假设 2：污染治理成本函数 $F(\Delta q_i)$ 具有规模效应，就是说治理规模越大，单位污染治理成本越小，边际治理费用递减，即 $F'(\Delta q_i) < 0$。

假设 3：如果厂商有违规行为而超量排放，则政府会对这种行为进行惩罚，且边际罚款递增。设企业的超标排污量为 V_i，惩罚函数为 $\beta(V_i)G(V_i)$，其中 $\beta(V_i)$ 为对厂商的核查概率，设 $\beta' > 0$，$\beta'' \geq 0$，且 $\beta(0) > 0$，即超标量越大，核查率越高，边际核查率递增，即使厂商没有违规排污行为，政府也要进行一定的核查。$G(V_i)$ 为罚款额，其大小由超标排污量确定，且边际罚款额递增罚款递增，即 $G' > 0$，$G'' \geq 0$，且当 $V_i \leq 0$ 时，$G(V_i) = 0$。上述关系可以用政府与企业之间的不完全信息静态博弈形式来表示，如图 8-5 所示。

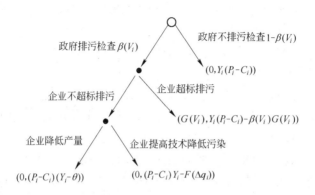

图 8-5　政府与企业之间的不完全信息静态博弈形式

从图 8-5 可以看出，对于企业而言，采取接受政府处罚而超标准排放污染物行为的收益为 $Y_i(P_i - C_i) - \beta(V_i)G(V_i)$，通过降低产量以达到不超标排放行为的收益为 $(P_i - C_i)(Y_i - \theta)$，通过提高技术降低污染以达到不超标排污行为的收益为 $(P_i - C_i)Y_i - F(\Delta q_i)$。

当 $\beta(V_i)G(V_i) > (P_i - C_i)\theta > F(\Delta q_i)$ 时，即政府罚款额大于超标生产收益，且超标生产收益大于企业治污成本时，企业将引进治污技术和更新生产设备。此时，环境污染水平未超出政府规定的水平。

当 $\beta(V_i)G(V_i) > F(\Delta q_i) > (P_i - C_i)\theta$ 时，企业将压缩生产产量，减少污染物排放量，此时，环境污染水平未超出政府规定的水平。

当 $(P_i - C_i)\theta > F(\Delta q_i) > \beta(V_i)G(V_i)$ 或 $F(\Delta q_i) > (P_i - C_i)\theta > \beta(V_i)G(V_i)$ 时，企业更倾向于缴纳超标排污罚款，此时环境污染水平将超出政府规定的水平。

一般地，我国对环境污染处罚力度不大。例如，根据 2008 年 6 月 1 日实行的《水污染防治法》第 48 条及其《实施细则》第 41 条的规定，不管超额排放或偷排量有多少，企业受到的经济罚款不能超过 10 万元,即使偷排、瞒报、造假等行为数罪并罚,罚款也不会超过 50 万元。而目前比较成熟的治污技术因投资巨大,一般企业无力采用,如造纸企业治污大多采用物理化学法,每吨污水治理成本为 1 元,按平均每日排放污水 2 万吨计算,每日运行费用约在 2 万至 3 万元。由此看来,治污成本 $F(\Delta q_i)$ 大于超排罚款,企业将更倾向于采取超标排放污染物,而不是进行污染治理。

(三) 实证分析

从上面分析可以看出,政府处罚力度小于企业治污成本,且小于超标生产收益,企业没有足够的动力进行节能减排。下面我们就此进行实证分析。

数据来源于 2008 年中国统计年鉴,分别选取工业 SO_2 去污量、工业烟尘去污量和工业粉尘去污量作为观察目标 Y_1、Y_2、Y_3,选取污染事故赔款罚款金额 (X_1) 和环境污染治理中企业自筹投资 (X_2) 作为自变量,一共收集 31 个省市数据,见表 8-1。

表 8-1   2007 年各地区节能减排情况一览表

地 区	赔款罚款 /亿元	自筹排污投资 /亿元	SO_2 去除量 /万吨	烟尘去污量 /万吨	粉尘去污量 /万吨
北 京	0	78079	12.5	243.3	141.9
天 津	0.0	143121	16.5	640.4	81.8
河 北	20.2	172071	133.5	1945.9	744.6
山 西	0.0	327529	99.3	1630.0	272.9
内蒙古	92.0	174164	94.3	1861.4	194.9
辽 宁	41.2	502728	86.7	1251.5	423.9
吉 林	32.2	39047	10.6	784.7	291.4
黑龙江	10.0	56691	4.1	847.1	94.6
上 海	0.0	59132	9.0	450.9	145.8
江 苏	71.6	267876	149.2	1830.2	299.6
浙 江	62.1	244258	105.2	914.8	578.9
安 徽	58.7	47860	109.2	872.2	243.1
福 建	111.4	192606	25.6	480.0	221.6

地　区	赔款罚款 /亿元	自筹排污投资 /亿元	SO₂ 去除量 /万吨	烟尘去污量 /万吨	粉尘去污量 /万吨
江　西	27.7	65300	97.6	693.0	315.5
山　东	12.5	577600	137.5	1934.5	493.5
河　南	27.8	229858	93.2	2111.3	573.7
湖　北	156.5	136892	63.4	613.7	344.0
湖　南	542.5	152867	58.4	736.9	296.4
广　东	70.9	301143	115.9	878.0	364.7
广　西	516.4	82878	68.6	560.1	232.7
海　南	0.9	21305	1.7	66.3	3.8
重　庆	38.0	31012	63.1	211.3	39.0
四　川	23.0	189606	61.0	741.8	213.2
贵　州	67.1	83073	64.5	752.1	262.9
云　南	599.7	90864	119.1	509.5	306.3
西　藏	0.0	13	0.0	0.1	0.0
陕　西	349.9	71474	24.9	581.5	216.1
甘　肃	69.5	113695	106.5	256.9	89.6
青　海	1.5	6448	1.1	63.9	63.5
宁　夏	0.0	39251	8.0	432.1	42.5
新　疆	21.6	43077	2.5	271.2	77.3

数据来源：2008 年中国统计年鉴，笔者加工整理。

　　为了便于观察政府对超额排污的处罚力度与企业减排力度相关关系，现将 2007 年全国 31 个地区节能减排数据汇总如图 8-6 所示。

　　从图 8-6 不难看出，政府对企业违规排放处罚力度与 SO₂ 去除量、烟尘去污量和粉尘去污量存在一定的相关性。为进一步明晰其

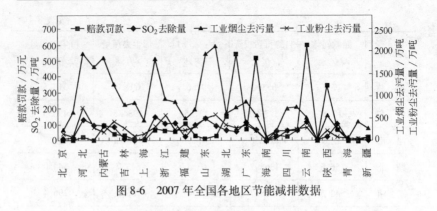

图 8-6　2007 年全国各地区节能减排数据

相关度的大小，本书利用 SPSS15 软件进行线性分析，采用逐步回归法，回归精度设定为 10^{-4}，回归结果见表 8-2。

表 8-2　污染事故赔款罚款金额和环境污染治理中企业自筹投资回归分析表

被观察变量	污染事故赔款罚款金额（X_1）	环境污染治理中企业自筹投资（X_2）	F	D_f	R^2
工业 SO_2 去污量（Y_1）	0.00022[1]	0.01235[2]	11.227	28	0.845
工业烟尘去污量（Y_2）	0.00302[1]	−0.02493（t 值不显著）	12.588	28	0.873
工业粉尘去污量（Y_3）	0.00080[1]	0.02029（t 值不显著）	8.582	28	0.880

[1]t 值在 1% 时显著；[2]t 值在 10% 时显著。

在表 8-2 中，判定系数（或 R^2）均大于 0.80，表明在自变量与被解释变量之间存在一定的相关性，并且通过 F 统计和自由度来看，拒绝该统计模型的概率小于 1%，这说明本次回归结果令人满意。

从自变量系数来看，污染事故赔款罚款金额（X_1）均为正值，且统计值 t 在 1% 时显著，这说明政府惩罚力度越大，节能减排的效果越理想。这与现实情况基本相吻合。

环境污染治理中企业自筹投资（X_2）的系数不定（有正有负），且统计值 t 显著性不高，这说明企业自筹投资进行治污的动力不定，更多的资金来源可能是排污费补助或者政府其他补助。

二、政府税收型

（一）理论依据

一般认为，最早系统地研究环境价格与税收的理论问题的是英国现代经济学家、福利经济学的创始人庇古。在其 1932 年出版的著作《福利经济学》中以环境污染这个最典型的例子，通过分析边际社会纯产品与边际私人纯产品的差异来解释外部性问题产生的原因，为了消除由于环境污染引起的负外部效应，就应该对产生负外部效应的单位征税或收费。这些政策措施被后人称为"庇古手段"，是环境税收理论核心依据。

当存在外部性时，市场价格不能反映生产的边际社会成本，即私人成本不能完全衡量经济效应，市场机制不能靠自身运行达到资源配置的帕累托最优状态。为解决市场失灵，政府应当采取适当的经济干预政策来消除这种背离，庇古建议对边际私人成本小于边际社会成本的部门进行征税，税额大小等于这一差额，这时企业最优产量决策就等于社会最优产量决策，环境污染水平也是社会最低的，这种税就称为庇古税或者排污收费。同理，对边际私人收益小于边际社会收益的部门实行奖励和津贴，通过征税和补贴使外部性成本内部化，实现整个社会的福利最大化。这种解决外部性问题的方法被称为"庇古税"理论。

由于排污企业根据其污染排放量要缴纳排污费用（税收），排污企业或将缩减产量，或采取措施治理污染。然而治理污染是要付出成本的，在一定产出水平下，污染减少越多，社会成本也越多；而污染水平的减少，将导致他人承担的社会成本降低，这就是消除污染的收益。显然，效率条件要求污染控制的边际社会收益等于边际社会成本。

（二）理论分析

环境污染与现代生产和消费相伴而生，控制和治理污染的手段或采取的政策工具，都是在寻求社会福利最大化，以实现经济外部性的内部化。假设企业的社会福利函数（W）是其利润（L）与污染环境损害的差额，两项都取决于产量和减污量，企业 i 在价格 P_i、产量 Y_i、排污量为 q_i 的情况下，其成本 C 可以表达为 $C(Y_i, q_i)$，在不考虑外部损害的条件下的 i 企业利润 $R_i = P_i Y_i - C(Y_i, q_i)$，所有企业的利润之和可以表达为 ΣR_i，企业 i 排污量 e 也取决于其生产产量和减污量，即 $e(Y_i, q_i)$，全社会排污总量 $E = \Sigma e(Y_i, q_i)$，设单位排污量对社会损害为 T，则全社会排污将导致社会福利损害为 $TE = T\Sigma e(Y_i, q_i)$，由此可得到社会福利函数：

$$W = R - E = \Sigma[p_i Y_i - c(Y_i, q_i)] - T\Sigma e(Y_i, q_i) \quad (8\text{-}10)$$

上式分别对产量 Y 和减污量 q 求导得到：

$$p = c'_Y + T e'_Y \quad (8\text{-}11)$$

$$c'_q = T e'_q \quad (8\text{-}12)$$

式（8-11）和式（8-12）是社会福利函数式（8-10）最大化成立的两个必要条件，前者反映了产品的最优价格不仅要反映传统的生产成本 C，还要反映生产排污对环境所造成的损失 e 的内部化；后者反映了生产中的边际减污技术成本应设定为边际减污收益。

根据庇古税原理，其中 T 就是满足社会福利最大的税收，通过税收 T 可以达到最优污染削减量。反过来说，如果排污量没有得到有效控制，说明税收 T 征收的力度较小。

（三）实证分析

从上面分析可以看出，如果排污量没有得到有效控制，说明税收 T 征收的力度较小。下面我们就此进行实证分析。

数据来源于 1997 年到 2008 年全国环境统计公报，选取工业 SO_2 排污量作为观察目标 Y，选取历年工业 SO_2 排污费率（X_1）和历年工业总产值（X_2）作为自变量，这样一共收集 12 数据点（见表8-3）。

表 8-3 部分排污数值分析

项目	二氧化硫排放量/万吨			烟尘排放量/万吨			工业粉尘/万吨	GDP 中工业产值（当年价格）/亿元	二氧化硫排污费/元·千克$^{-1}$
年度	合计	工业	生活	合计	工业	生活	排放量		
1997	2266	1772	494	1573	1265	308		32921.4	0.2
1998	2091.4	1594.4	497	1455.1	1179	276.6	1321	34018.4	0.2
1999	1857.5	1460.1	397.4	1159	953.4	205.6	1175.3	35861.5	0.2
2000	1995.1	1612.5	382.6	1165.4	953.3	212.1	1092	40033.6	0.2
2001	1947.8	1566.6	381.2	1069.8	851.9	217.9	990.6	43580.6	0.2
2002	1926.6	1562	364.6	1012.7	804.2	208.5	941	47431.3	0.2
2003	2158.7	1791.4	367.3	1048.7	846.2	202.5	1021	54945.5	0.21
2004	2254.9	1891.4	363.5	1095	886.5	208.5	904.8	65210.0	0.42
2005	2549.3	2168.4	380.9	1182.5	948.9	233.6	911.2	77230.8	0.63
2006	2588.8	2234.8	354	1088.8	864.5	224.3	808.4	91310.9	0.63
2007	2468.1	2140	328.1	986.6	771.1	215.5	698.7	107367.2	0.63
2008	2321.2	1991.3	329.9	901.6	670.7	230.9	584.9	129112	0.84
2009	—	—	—	—	—	—	—		1.05
2010	—	—	—	—	—	—	—		1.26

数据来源：全国环境统计公报，中华人民共和国环境保护部网站，1997～2008。

从表 8-3 不难看出，企业二氧化硫排放量与二氧化硫排污率和工业产值存在着一定的相关性。为进一步明晰其相关度的大小，本文利用 SPSS15 软件进行线性分析，采用逐步回归法，回归精度设定为 10^{-4}，回归结果见表 8-4。

表 8-4 企业 SO$_2$ 排放量与 SO$_2$ 排污率回归分析表

被观察变量	系数	标准误差	t 分布统计值
常　　数	1355.26	144.89	1.39477E-05
SO$_2$ 排污费（X_1）	708.56	645.19	0.03
工业产值（X_2）	0.0033	0.0061	0.06
模型回归的统计量			
F	18.34	P	0.0010
R^2	0.8210	Df	8

在上表中，判定系数（或 R^2）为大于 0.82，表明在自变量与被解释变量之间存在一定的相关性，并且通过 F 统计和自由度来看，拒绝该统计模型的概率小于 1%，这说明本次回归结果令人满意。

从自变量系数来看，SO_2 排污费（X_1）为正值，且统计值 t 在 5% 时显著，这说明 SO_2 排污费越高，节能减排的效果越不理想，这似乎不合乎情理。要知道我国二氧化硫的排污费率在每千克 0.7 元到 1 元左右，相当于每千克 0.16 美元（购买力平价）或每公吨（tonne）是 146 美元，而美国二氧化硫税率为每公吨 400~3000 美元，可见当前我国的 SO_2 排污费率很低。

按照前文的分析，如此低的费率根本无法促进资源的合理利用，许多企业宁肯缴纳罚金也不愿主动投资治理污染。由此产生的问题在于低廉的排污收费无法起到保护环境的作用，无法体现资源本身的内在价值和不同资源在经济中的不同作用，不能将治理环境污染的社会成本内部化。

工业产值（X_2）系数为正值，且统计值 t 在 10% 时显著，这说明工业产值越大，企业排放 SO_2 也就越多。这从另一侧面反映了当前 SO_2 排污费率较低的现实。

三、排污交易型

（一）理论依据

排污权交易是一种基于市场的环境管理政策手段，属于经济激励型政策，其理论依据是科斯定理。1960 年经济学家科斯（Coase）在他有关社会成本问题的著名论文中指出，污染需要治理，而治理污染也会给企业造成损失。既然日常的商品交换可看作是一种权利（产权）交换，那么污染权也可进行交换，从而可以通过市场交易来使污染达到最有效的解决。后来的学者将科斯的这一思想表述为：只要市场交易成本为零，无论初始产权如何配置，市场交易总可以将资源配置达到最优；在交易费用不为零的情况下，不同的权利配置界定会带来不同的资源配置；因为交易费用的存在，不同的权利界定和分配，则会带来不同效益的资源配置，所以产权制度的设置是优化资源配置的基础。

1968 年，Dales 将科斯定理应用于水污染的控制研究。1966 年 Croker 对空气污染控制的研究奠定了排污权交易的理论基础。1972 年 Montgomery 从理论上证明了基于市场的排污权交易系统明显优于传统的环境治理政策。他认为，排污权交易系统的优点是污染治理量可根据治理成本进行变动，这样可以使总的协调成本最低。因此，如果用排污权交易系统代替传统的排污收费体系，就可以节约大量的成本。

（二）理论分析

考虑在一个污染控制区域内，存在 $n(n > 1)$ 个排污企业，政府通过一定标准和机制在这 n 个企业之间分配排污量。一般地，初次分配给企业的排污量不足以满足企业正常生产所需，不妨假设第 i 个企业存在 Q 单位排污缺口，排污费率为 C_w，再假定该企业每生产单位商品将会产生 q 单位污染物，每单位商品收益为 P。企业在利益最大化驱动下，可能做出四种选择来解决排污缺口问题，即缩减生产规模、引进技术或设备以治理污染、购买排污许可证、超标排污后接受政府处罚。

（1）缩减生产规模。对企业 i 而言，不会发生成本也不会产生效益，故成本收益为 $R_1 = 0$。

（2）引进技术或设备以治理污染。一般而言，污染治理成本函数 $C_z(Q)$ 具有规模效应，就是说治理规模越大，单位污染治理成本越小，边际治理费用递减，即 $C_{z'}(Q) < 0$。因为通过污染治理减少了排污 Q 单位，此时就不需要再缴纳排污费了，故此企业成本效益为 $R_2 = (Q/q)P - C_z(Q)$。

（3）购买排污许可证。设排污许可证价格为 T，那么满足 Q 单位排污量缺口需要支付 TQ 成本，此外还要支付 $C_z(Q)$ 排污费，故此企业成本效益为 $R_3 = (Q/q)P - C_w Q - TQ$

（4）超标排污后接受政府处罚。设惩罚函数为 $\beta(Q)G(Q)$，其中 $\beta(Q)$ 为对厂商的核查概率，设 $\beta' > 0, \beta'' \geq 0$，且 $\beta(0) > 0$，即超标量越大，核查率越高，边际核查率递增，即使厂商没有违规排污行为，政府也要进行一定的核查。$G(Q)$ 为罚款额，其大小由超标排污量确定，且边际罚款额递增罚款递增，即 $G' > 0, G'' \geq 0$，且 Q

$= 0$ 时 $G(Q) = 0$。此时，企业成本效益为 $R_4 = (Q/q)P - C_wQ - \beta(Q)G(Q)$。

这样企业最优利润策略为：

$$Z = \max(R_1, R_2, R_3, R_4), \text{s. t. } Q, R_1, R_2, R_3, R_4 \geqslant 0 \qquad (8\text{-}13)$$

（三）实证分析

我国排污权交易是从二氧化硫污染开始的，为了便于理解企业最优利润策略的选择，我们不妨以 SO_2 排污为例。2007 年国家发改委和环保局下发的《现有燃煤电厂二氧化硫治理"十一五"规划》（发改环资 ［2007］592 号）规定，到 2010 年全国 SO_2 排放总量减少 10%，进一步明确新建和现有脱硫机组上网电价每千瓦时均提高 1.5 分人民币。同时还规定每排放 1 千克二氧化硫收费 0.63 元，到 2010 年提高到 1 千克二氧化硫收费 1.26 元（$C_w = 1.26$）。根据中国信息协会会展部测算，1 亿度电消耗标准煤 4.04 万吨，产生二氧化硫 0.09 万吨（$q = 0.009$ 千克/度）。目前脱硫成熟技术是湿法石灰石，其中机组容量 $2 \times 300\text{MW}$，总体布置 2 炉 2 塔，脱硫设备建造于 2004 年，燃料煤中硫含量 1.2%，脱硫率 92% 计算，其脱硫成本为 2.41 元/千克（$C_z = 2.41$）。根据 1999 年公布的《环境保护行政处罚办法》（国家环境保护总局令第 7 号令）的第十七条第三款，省、自治区、直辖市人民政府环境保护行政主管部门可处以 20 万元以下罚款，即 $G(Q) \leqslant 20$ 万元，再假设 $\beta(Q)$ 核查厂商超排的概率服从 $\lambda = 0.5$，罚款金额服从均匀分布 ［0.1］（目前政府检察力度较小）泊松分布。最近 SO_2 排污权交易价格 2000 元/吨为例，即 $T = 2$ 元/千克。

如果企业 i 采取缩减生产规模方式，以实现排污量缩减 10%，其 2010 年成本效益为：

$$R_1 = P(0.9Q/0.009) - C_w(0.9Q)$$

$$= 100QP - 1.13Q = (100P - 1.13)Q$$

如果企业 i 采取节能减排方式，以实现排污量缩减 10%，这样按规定上网电价提高 1.5 分/度，其 2010 年成本效益为：

$$R_2 = (P + 0.015)(Q/0.009) - C_w(0.9Q) - C_z Q$$

$$= (111.11P - 1.197)Q$$

如果企业 i 采取购买排污许可证来实现这个目标，那么 2010 年该企业需要从排污权交易市场上购买 $0.1Q$ 单位的排污许可，假设按照当前市场价格 T 为 2 元/千克计算，则该企业 2010 年的成本效益为：

$$R_3 = P(Q/0.009) - C_w Q - T(0.1Q) = (111.11P - 1.46)Q$$

如果企业 i 超标排污后接受政府处罚。政府处罚期望为 $C_f = E(\beta(Q)) \cdot G(Q)$，再假定政府检察企业超排的事件与罚款金额大小的事件独立，$C_f = E(\beta(Q))E(G(Q)) = 50000$ 元，则该企业 2010 年成本效益最低为：

$$R_4 = P(Q/0.009) - C_w Q - C_f = (111.11P - 1.26)Q - 50000$$

此时，企业最优利润策略 (8-13) 为：

$$\begin{cases} Z = \max(R_1, R_2, R_3, R_4) \\ \text{s. t. } Q, R_1, R_2, R_3, R_4 \geq 0 \\ R_1 = (100P - 1.13)Q \\ R_2 = (111.11P - 1.197)Q \\ R_3 = (111.11P - 1.46)Q \\ R_4 = (111.11P - 1.26)Q - 50000 \end{cases}$$

比较企业 i 分别采取购买排污许可证策略、超额排污接受政府处罚策略和节能减排策略的成本收益，$R_2 \geq R_3$，$R_2 \geq R_4$，故从企业 i 最优策略集删除 R_3、R_4。

比较企业 i 分别采取节能减排策略和缩减生产规模策略的成本收益，令 $Z = R_2 - R_1 = (11.11P - 0.086)Q$。当 $P \geq 0.08$ 时，$R_2 \geq R_1$，企业 i 采取污染治理策略收益较大；当 $P \leq 0.08$ 时，$R_2 \geq R_1$，企业 i 采取缩减生产量策略收益更好。

第五节 不同性质企业节能减排的
动力与发展策略比较

一、中小企业节能减排的动力与发展策略

改革开放以来，我国中小企业发展迅猛，根据《2005 年成长型中小企业发展报告》，目前我国中小企业已经达到 2000 万多家，占全国企业总量的 99% 以上，吸纳就业人数 80% 左右，上交税收达 50% 左右，工业总产值占 GDP 的 55% 左右，中小企业已经成为我国经济发展的重要组成部分。但是中小企业 80% 左右存在着不同程度的环境污染。在环境污染问题上，中小企业由于自身的特点，鉴于自身的规模和治污设备的效率，更多地倾向于污染物偷排和超标排放，治理污染效果远不如大型国有企业。如国家曾在 1996 年展开了关停取缔"十五"小企业的环保行动，好景不长，许多关停的污染企业又恢复了生产，而且又有新的污染企业设立。

在我国节能减排的制度压力下，许多企业开始进行自行治污，将环境生产要素纳入到生产过程中，但是不同规模的企业在治污成本方面存在着较大的差异。企业治污成本主要包括设备固定成本摊销及其设备在生产过程中的运营成本。企业生产产品数量将直接影响着企业平均治污成本；即企业环境成本要素与其他生产要素一样存在着规模经济。

由于节能减排设备的使用存在着最佳使用效率的规模，设备的成本将出现先下后上的变化。当设备投入运行时间增加时，由于所增加的劳动要素与管理要素不随着处理污染物数量同比例增加，因此每单位污染物处理所需的平均成本就会下降，但当处理物达到一定数量后，原有的设备不能使后排放物达到政府制定的相关标准，此时就需要追加节能减排设备的投入或购买环境生产要素，这使得污染物处理的边际成本上升。如图 8-7 所示，MC 曲线表示污染物处理的边际成本曲线，AC 表示污染物的平均治理成本曲线，根据成本最小化原理，即当边际成本曲线与平均成本曲线相交于平均成本曲

线的地步，即在图中 A 点时实现成本最小化，该治污设备的使用最
具有效率。

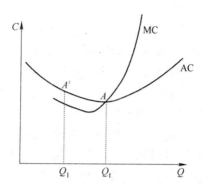

图 8-7　污染物处理成本曲线图

对于大企业而言，由于生产规模较大，产品数量较多，在污染
治理过程中存在一定的规模效应，因此污染治理是有效率的。但对
于中小企业而言，治污成本就不堪重负。第一，规模较小，资金缺
乏，先期的治污设备投入或环境要素的购买就是一大负担。第二，
由于生产产品数量相对较少，将导致治污设备得不到有效利用。中
小企业由于本身产量不高，投资治污设备的使用量很难达到有效率
的 A 点。图中在 A' 污染物的处理量为 Q_1，在该点的污染物的平均治
污成本明显大于治污量为 Q_t 时的成本。

可见中小企业投资治污设备处理缺乏规模经济效益，缺乏节能
减排的动力，所以更多地倾向于采取超标排放接受处罚的策略。

二、跨国企业节能减排的动力分析

随着改革开放的深入，外资企业纷纷来华投资兴办企业。这些
外资企业不仅带来了先进的生产技术和管理经验，同时还吸纳了庞
大了劳动力，极大地促进了国民经济发展。与此同时，也带来了很
多问题，其中，最主要的就是环境损害和生态破坏问题。因为西方
国家把那些高能耗、高物耗、高污染、劳动密集型的夕阳产业转移
到发展中国家。这样既可以充分利用其所投资国的廉价劳动力，也

可以廉价获得发展中国家的资源，而廉价资源开发使用的过程，同时也是环境破坏的过程。

（一）国际生产折中理论与跨国企业

1977 年，英国瑞丁大学教授邓宁（J. H. Dunning）在《贸易，经济活动的区位和跨国企业：折中理论方法探索》中提出了国际生产折中理论，成为跨国企业分析的理论工具。

国际生产折中理论的分析过程与主要结论可以归纳为以下四个方面：一是跨国公司是市场不完全性的产物，市场不完全导致跨国公司拥有所有权特定优势，该优势是对外直接投资的必要条件。二是所有权优势还不足以说明企业对外直接投资的动因，还必须引入内部化优势才能说明对外直接投资为什么优于许可证贸易。三是仅仅考虑所有权优势和内部化优势仍不足以说明企业为什么把生产地点设在国外，而不是在国内生产并出口产品，必须引入区位优势，才能说明企业在对外直接投资和出口之间的选择。四是企业拥有的所有权优势、内部化优势和区位优势，决定了企业对外直接投资的动因和条件。

其中所有权优势理论是发生国际投资的必要条件，指一国企业拥有或是能获得的国外企业所没有或无法获得的特点优势。其中包括技术方面的优势、企业规模的优势、组织管理的优势、金融货币的优势。内部化优势是为避免不安全市场给企业带来的影响将其拥有的资产加以内部化而保持企业所拥有的优势。其条件包括签订和执行合同需要较高费用、买者对技术出售价值的不确定、需要控制产品的使用。区位优势是指投资的国家或地区对投资者来说在投资环境方面所具有的优势，它包括直接区位优势，即东道国的有利因素；和间接区位优势，即投资国的不利因素。形成区位优势的三个条件：自然条件、经济条件、国家政策和制度条件。

（二）对跨国公司节能减排的效率与动力的综合分析

国际生产折中理论实际列出了企业实施国际化战略时需要考虑的一整套因素，其逻辑可以直接应用于解释以跨国公司为媒介的污染生产向发展中国家的转移，也可以用来分析跨国公司的跨境生产。

1. 跨国公司与污染生产的转移

　　根据宏观经济学，特别是国际贸易理论的逻辑，国家之间的环境控制成本的差异会使污染产业从环保标准高的国家流向标准低的国家，从现实中看，大部分是从发达国家转移到发展中国家。污染产业转移动机的大小取决于控制成本的差异程度大小，两国之间的环境控制成本差异程度越大，产业转移的动机就越强烈，反之则越小。当环境控制成本的差异超过生产转移的成本时，就会出现污染生产向"污染庇护所"的"产业外逃"。

　　但是，从国际生产折中理论的角度看，东道国在环境控制成本方面所拥有的区位优势尽管是一种有效的解释，但并不是国际生产的充分理由。环境控制成本的差异还不足以导致国际生产的转移。在解释公司的国际化战略时，还需要引入其他变量，具体而言就是所有权优势和内部化因素。在跨国公司面对本国高昂的环境控制成本，同时又拥有足以在异域和外国企业展开竞争的所有权优势时，才会出现向污染庇护所的转移。同时，只有面对高昂环境控制成本的跨国公司通过内部化公司的管理和生产，实现规模经济，从污染的跨境生产中得到利益时，国际生产活动才有可能进行。

　　从以上分析来看，随着限制条件的增加，"产业外逃"的空间明显缩小了。首先，污染严重的产业往往是危机重重的夕阳产业，缺乏进行国际生产转移的所有权优势。这些企业往往缺乏从事国际生产所需要的稳定融资能力，那么，只有当投资的折旧期限相对较短或者初始资本投资数额较小时，公司才有可能选择国际生产。第二，由于污染生产存在于夕阳技术产业，不会过于担心技术优势的扩散，市场交易会成为首要选择。除非东道国（污染庇护所）没有能力组织污染生产，才需要污染企业进行直接投资。如果跨国公司在本国面临高昂的环境控制成本，具备了通过跨国公司实行产业转移的初始动机，但是进行国际生产往往意味着许多其他潜在的成本和责任。这样，跨国公司可能选择将污染生产转包给发展中国家的企业。

　　那么，按照国际生产折中理论的逻辑，污染控制成本的差异是解释污染产业转移的必要但不是充分的要素，向发展中国家（污染庇护所）的产业转移可能性很小。发达国家污染产业向发展中国家的转移面临双重条件的制约，即首先是东道国无法组织污染生产，然后是投资项目的初始投资折旧期短和初始投资数额小，这时跨国公司才会进行国际化生产。因此，发展中国家不断实行自身产业的升级改造，提升产业的环保水平，是"屏障"污染生产进入的有效方式。

2. 跨国公司与环境质量的跨境生产

如果跨国公司决定从事跨境生产，这也就意味着它需要做出一系列的投资决策，确定其国际化战略的范围和内容，包括生产的国际化、营销和研发的国际化等。环境质量生产的国际化也是跨国公司国际化战略的内容之一。如果跨国公司决定进行环境质量的国际化生产，自然就包括环境清洁技术和污染治理设备向国外子公司的转让、向东道国经理层提供环保指导，或者建立统一的公司环境行为标准等内容。

一般而言，跨国公司不会选择进行环境质量的跨境生产，而是使用双重标准，即在东道国执行与母国不同的环境标准。因为，如果跨国公司根据东道国的环境标准调整环境质量的生产，降低环境质量要求，特别是在环境管制政策宽松并且执行力缺乏的发展中国家，可以达到节约成本的目的。次之，在发展中国家进行环境质量的跨境生产所遇到的种种壁垒，比如基础设施不完备、技术人员缺乏、环保服务短缺、文化差异等因素，从客观上鼓励了跨国公司接受并使用当地的环保标准。而且，跨国公司可以"俘获政府"，从东道国政府获取环保方面的妥协与让步，在内部更有效地分配包括环保资源在内的各种资源，以实现利润的最大化。

但是，遵照国际生产折中理论的逻辑，如果跨国公司选择进行环境质量的跨境生产，而非使用双重标准，企业可以从中获取所有权优势和内部化优势，其生产会更有效率，利润最大化的空间更大。

第一，发展中国家的不确定性因素可能促使跨国公司进行环境质量的跨境生产。在大部分发展中国家，目前看来环境管制较为宽松，但是可以预期，随着时间的推移，其环境管制会越来越严格。另外，发展中国家未来环境控制的规模和内容不确定会促使跨国公司选择按照母国的标准，而不是东道国的标准进行生产。否则，跨国公司可能会为了达到未来严格的环境管制水平付出巨大代价。特别是，如果跨国公司的投资项目初始投资大，为了防止投资项目受到未来环境管制变化的影响，跨国公司就更有动力采用最好的环保技术。最后，如果消费者和东道国政府发现跨国公司明显地在使用双重标准，可能会做出剧烈的反应，企业会为此付出惨重代价。因此，跨国公司很有可能选择环境质量的跨境生产。

第二，发展中国家的污染治理设备、专家指导、实验室支持、废物回收利用等市场存在缺陷，环保产品的生产和服务不充分甚至为零，这可能促使跨国公司组织环保产品和服务的内部化生产，从而克服上述市场缺陷。

第三，通过组织环境质量的国际化生产，跨国公司可以获得规模经济优势。使用多重环境管理标准和体系会带来巨大的信息成本和交易成本，通过国际生产、管理、技术、营销和跨境培训的标准化，相对于当地企业而言，跨国公司可以获得一系列的规模优势，即"跨境规模经济"。

第四，跨国公司的环境质量生产能力日益成为它们在发展中国家的投资动机。随着可持续发展和绿色消费的观念日益深入人心，消费者和东道国政府越来越从环境影响的角度甄别企业与产品。环境质量的跨境生产实现了产品差异化，演变成企业的所有权优势。

邓宁的国际生产折中理论实际上是对以往国际生产经济理论的综合。从其内部逻辑可以得出，跨国公司存在否定"产业外逃"和"双重标准"，反而实施环境质量的跨境生产的内在动机，随着发展中国家环境制度和产业环境的不断改善，跨国公司的环境绩效肯定会得以改进。

第六节　节能减排的企业管理制度安排

环境生产要素纳入到厂商生产要素体系中，要求企业严格按照生产要素组合组织生产，可以有效借助市场机制和经济利益杠杆促进企业发展方式的改变，促使企业从被动接受环境约束变为主动迎合环境要求，寻求环境成本内部化条件下的自我提升机会。

一、企业应增强环保意识

现代企业经营目标是在生态经济约束下，企业"可持续发展能力最大化——合理利润"，这样才能满足各方利益要求，促进现代企业制度建立，并有利于企业实现可持续发展目标。环境要素化以后，企业对生产排污所要承担的支出项目一目了然，成为了账面直接成本，有利于消除"免费搭车"和"权力寻租"现象，可以促使企业对生产要素投入重新组合，减少或相对减少环境生产要素消耗。

企业对生产要素重新组合的目的是实现"低开采、高利用、低排放、再利用"的良性循环性生产，以最大限度地利用进入企业的物质和能量，提高企业经济运行的质量和效益。这迎合了减量化原则，最大限度地降低了产品生产过程中能源、矿产、水等自然资源的消耗，从经济活动的源头节约资源和减少污染；也有利于再利用原则的实现，最大限度地提高产品使用价值，延长使用寿命，减少一次性产品（尤其是包装物）使用量。环境生产要素化促使企业经营过程中在追求利润最大化的同时更多地考虑到对环境的影响，也可以说企业被动地成为了"环境理性经济人"。

二、企业需提升环保竞争力

企业环保竞争力是在全球竞争的市场环境下，企业基于环境保护和自身利益的需要，通过对企业资源的合理配置，并与外部环境相互作用，向市场提供比竞争对手更能满足顾客需求的绿色产品和服务，从而在占有市场、保护环境等方面获得竞争优势的能力。

环境生产要素化可以将要素消耗压力转化为企业寻求环保竞争力的动力。企业会更积极地制定绿色战略，发表绿色宣言，配置和发挥企业内外环保人才的作用，不断加强内部管理，注意回收废弃物，改良工艺，更新设备，改变配方和节约能源。企业还会树立绿色营销观念和整合绿色供应链，使企业更好地符合政府的环保政策，更坚定地承担起企业的社会责任，更有利于接受公众的社会监督。

三、企业要提升生态效率

对于一个企业而言，生态效率是指使用较少的能源与原材料，生产出数量更多、品质更好的商品，而将商品在整个生命周期中产生的废弃物与污染降至最低，从而提高资源生产力。重视生态效率的企业关注的就是资源生产力而不是传统产业所重视的劳动生产力。对于生态环境而言，符合生态效率的商品能够降低环境的污染负荷，更接近可持续发展的目标；就企业本身而言，使用较少的能源与原材料、减少污染产生量与排放量，直接代表生产成本的降低。因此，生态效率代表了一种企业获得利润与环境获得保护的双赢状态。

随着环境恶化和消费意识提升，消费者对企业的环保要求将逐步提高，要求提供低成本、高品质、低污染的商品。企业必须经常宣传其环保措施，以求在市场上能够被消费者选择。然而，企业又不能为追求环境效益，而使企业本身面临零增长甚至负增长的局面。因此，环境生产要素化是追求"可持续发展"的企业的重要选择。

四、企业应加强环境综合管理能力

企业的生产行为向大自然排放污染物，消耗了环境生产要素，这一问题早已被政府、公众所共识。以往通过一系列的行政性手段对企业生产的排污行为进行了干预，并且近几年来国际上的一些成功实践也促使各国在解决企业生产对环境要素消耗问题时尝试着运用市场机制。环境生产要素化会促使企业增强环境综合管理能力，以此降低环境生产要素的消耗，减少对环境的破坏。

企业环境管理是规则因素、市场因素及企业自身属性综合作用的结果。规则因素表现为现存的和预期的强制性环境规章制度对企业采纳积极的环境管理行为产生的压力和影响因素。实践表明，未来越来越严格的强制规则是激励企业主动改善环境绩效的首要动机。环境生产要素化后，企业在生产过程中对环境生产要素的使用支付成本费用，一方面是对环境消耗的补偿，另一方面也会在一定程度上改善环境，并创造出更多的环境生产要素。为此，在严格的环境规章制度下，环境生产要素的价格会因为环境意识的不断提高而不断上升，为此企业生产要承担的环境要素成本将上升，这将激励企业考虑改善环境管理过程。市场因素来自消费者、投资者、竞争者、社区公众、雇员及供应商的压力，这些因素也将迫使企业采取积极措施改善其环境管理。而实施环境管理带来的成本节约也推动了企业改善环境管理的质量，这是一种实实在在的内部动力。由此可见，环境生产要素化将更加充分地体现出管理要素的替代性。企业将充分发挥其环境综合管理能力，以此节约成本，创造出更多的"绿色利润"。

第九章

节能减排制度拓展与国际协调

第一节 节能减排制度推行的
局部性与全局性的关系

节能减排制度依赖于一定环境区域的环境生产要素供求状况，并直接影响企业的成本效益，进而影响地区的经济发展指标。在这种情况下，从经济层面来说，单个企业缺乏节能减排的积极性，单个地区也缺乏节能减排的积极性。对国家而言，为了谋求国内良好的自然生态环境条件，可以在全国范围内推行节能减排制度，但在开放经济条件下，也就是企业展开对外经济活动的情况下，两国之间的环境政策差异会导致明显的企业成本核算不统一，出现价格竞争能力的不平等性。所以，节能减排具有明显的全局性、全球性。这是由环境明显的外部性决定的，它一方面具有明显的副外部性，一人污染多人受害，另一方面具有更明显的正外部性，一人环保多人受益。

基于节能减排制度推行中对全局性的独特要求，应当尽可能地扩大实施范围，谋求国际合作，推行全球化战略。具体工作中，一定要抓住总量控制这个确定排放量和环境生产要素交易量的基本决定制度。

总量控制是根据区域环境目标（环境质量目标或排放目标）的要求，预先推算出达到该环境目标所允许的污染物最大排放量，然后再通过优化计算，将允许排放的污染物指标（环境生产要素）分配到各个污染源。排放指标的分配应当根据区域中各个污染源不同的地理位置、技术水平和经济承受能力来具体确定。总量控制的基本思想是将某一控制区域（例如行政区、流域、环境功能区等）作为一个完整的系统，通过采取措施将排入这一区域内的污染物总量控制在一定数量之内，以满足该区域的环境质量要求。总量控制应当包含三个方面的内容，一是污染物的排放总量，二是排放污染物的地域，三是排放污染物的时间。因此，总量控制是一种控制一定时间、区域内排污单位污染物（需要控制的污染物由法律法规确定）排放总量的环境管理手段。这里的时间单位可以是年、季或者月。

区域可以是全球、全国、流域、省，也可以是城市或城市内划定的功能区。

与总量控制相对应的是浓度控制。过去的污染控制战略主要是依靠污染物浓度排放标准，即通过控制污染物的排放浓度来实施环境政策和环境管理。随着经济迅速增长，污染源数量不断增加，即使所有污染源都达标排放，污染物排放总量仍会继续上升。这就是为什么在普遍实行环境管理制度的情况下，环境状况继续恶化的主要原因。基于这种认识，总量控制思想逐步产生并迅速得到了人们的肯定。中国在 20 世纪 90 年代中期开始在全国范围内推行总量控制制度。

环境生产要素市场是总量控制制度的实现途径，节能减排制度是总量控制制度的具体实施手段。环境生产要素是环境管理当局在专家帮助下考虑当地环境容量后，对污染废物排放分割并分配的标准数量指标。不同范围的环境区域都要针对节能减排工作测定自己区域内的环境生产要素总量，继而进行初次配售，引导二次交易。

在某种意义上，环境生产要素就是一个以数量控制为原则，依地区逐层分解污染物排放指标的过程。在《联合国气候变化框架公约》的指导下，1997 年《京都议定书》明确提出，工业化国家将在 2008～2012 年间，使他们的全部温室气体排放量在 1990 年的基础上平均减少 5%，限排的温室气体包括二氧化碳（CO_2）、甲烷（CH_4）、氧化亚氮（N_2O）、氢氟碳化物（HFCS）、全氟化碳（PFCS）、六氟化硫（SF_6）。为达到限排目标，各参与公约的工业化国家都被分配到了一定数量的减少排放温室气体的配额。如欧盟分配到的减排配额大约是 8%。其中，英国、欧盟削减 8%、美国削减 7%、日本削减 6%、加拿大削减 6%、东欧各国削减 5%～8%。新西兰、俄罗斯和乌克兰可保持 1990 年水平，允许冰岛、澳大利亚和挪威的排放量分别增加 10%、8%、1%。限排的温室气体包括二氧化碳、甲烷、氧化亚氮、氢氟碳化物、全氟化碳、六氟化硫。《京都议定书》允许采取下列四种"协作"方式：（1）难以完成削减任务的国家，可以花钱从超额完成任务的国家买进超出的额度，这

是因为发达国家国内减排温室气体的成本，平均在 100 美元/吨碳
以上，而发达中国家减排成本只要几美元至几十美元；（2）以
"净排放量"计算温室气体排放量，即从本国实际排放量中扣除森
林吸收二氧化碳的量；（3）采用绿色开发机制，促使发达国家和
发展中国家共同减排温室气体；（4）"集团方式"，即欧盟内部许
多国家可视为一个整体，有的国家削减、有的国家增加，在总体
上完成减排任务。这相当于借助该国际公法，首先对全人类的
"环境生产要素"消耗总量做了设定，并在此基础上规定了缔约国
的"环境生产要素"可消耗数量，缔约国再依国内法进行环境功
能区及其排污允许量（环境生产要素）的设定，而后通过地方环
境管理当局对区域内排污源分配真正意义上的环境生产要素。借
助自由市场交易机制，企业之间可以进行环境生产要素的余缺调
剂，在不增加地区排污总量的基础上，合理配置地区环境资源，
并实现环境与经济和社会发展的统一（见图9-1）。可以说，《京都
议定书》为排污权制度在全世界范围的推行提供了助推器。2009
年底的哥本哈根会议没有能够对 2010 年减排目标提出具体的要
求，但它表达了强烈的持续将减排活动在全球范围内进行下去的
呼声。

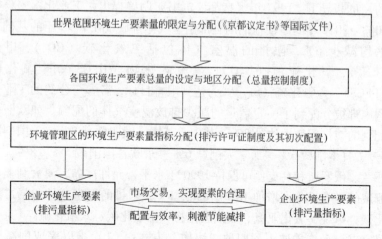

图 9-1 节能减排制度推行的局部性与全局性的关系

第二节 节能减排制度应用的国际协同性矛盾

基于环境生产要素理论的节能减排制度是人类长期处理环境与发展问题，经历了市场手段失灵、政府手段失灵和计划手段失灵之后，摸索总结出的政府调控与市场调整相结合的新型环境管理措施体系。从环境意义角度讲，基于环境生产要素理论的节能减排制度可以引导企业减少能源消耗，促进企业达标排放、降低环境管理成本和实施总量控制的成本、提高排放和环境监测能力、完善环境信息系统、确保环境质量目标的实现。从经济意义角度讲，基于环境生产要素理论的节能减排制度可以在宏观上促进和保障经济健康有序发展、带动相关部门和产业，在微观上引导企业向帕累托效率靠拢、促进企业技术进步和减排增效。从社会全局来看，可以扩大污染防治的参与范围、提高环境管理效率、有助于政府宏观调控战略和可持续发展战略的实施。自本世纪初环境生产要素理论研究开始以来，在这种环境管理思路基础上的节能减排相关探讨就引起了社会的关注。一些国家和地区正在摸索建立自己的基于环境生产要素理论的节能减排制度体系。但是，在开放经济条件下，尤其是当今经济全球化步伐日益加快的背景下，不同国家各自发展节能减排制度的模式遇到了一个非常明显的障碍，那就是节能减排的外部成本内部化实质带来的外经贸成本问题。

节能减排制度对国际投资和国际贸易有很大的影响。在基于环境生产要素理论的节能减排制度之前，没有哪一种经济性环境措施这么明显地把外部环境成本直接加到企业的内部核算中去，使环境明明白白地成为了企业生产经营必不可少的一种资源。排污收费制度没有，环境税制度也没有。由于社会发展的不平衡性，在环境问题上，各个国家的态度和措施存在着较大差距。有的国家已经全面贯彻了"污染者付费"原则，并开始试行类似的明显加大企业生产经营成本的制度；有的国家贯彻了"污染者付费"原则，正在探索这种加大企业生产经营成本的制度；有的国家可能还正在尝试"污染者付费"，要求生产者支付相对于环境损害来说要小得多的环境性费用；有些国家甚至没有采取经济性环境措施。正是由于这种差异，不同程度地实施节能减排制度（当然也包括其他经济性环境措施）的国家之间，遇到了非常棘手的国际贸易与国际投资的公平性问题。这种问题在不同区域之间，不同行业之间也同样存在，但如果是在一个国家内部，则可以借助政府法案等措施比较方便地解决。在国际贸易与国际投资领域，情况就不一样了，要复杂得多。

一、基于环境生产要素理论的节能减排制度对国际投资的影响

基于环境生产要素理论的节能减排制度在企业微观经济领域非常明显的一个影响就是"成本拉动效应"。原本不列入企业生产经营内部成本的环境外部成本，通过环境的资源性转化，成为了企业生产经营活动所必须支出的一项内部成本费用。不同国家、不同环境区域、不同污染物类型的环境生产要素价格并不一致，由于生产成本的变化，受"比较优势"理论的指导，必然会对不同产业行业的国际布局产生影响，最为突出的表现就是国际直接投资的流向和幅度会随之发生变化。

首先，率先严格实施节能减排制度的国家的有关行业企业，可能会出现或者加快向环境成本低廉的安全国家的产业转移活动。比如以二氧化硫和水污染物基于环境生产要素理论的节能减排为代表的美国，由于成本的上升，可能会刺激燃煤量大和 BOD、COD 排放突出的行业企业的国际投资热情，甚至出现产业的国际大转移。再如日本，近年来日本的水污染较重的行业（如造纸）和重金属排放较为明显的行业（如电子）出现了对外投资加速的现象，这与其国内环境管理措施日益严格、相应基于环境生产要素理论的节能减排措施即将推开有着密切的联系。

其次，实施基于环境生产要素理论的节能减排制度，要求在本国新设企业必须先行申购足量环境生产要素，这无形中为国际直接投资的流入设置了一道障碍。国际资本流通的根本目的是获取商业利益，寻求低成本、高销售，最终获取比在资本输出国更多的利润，这是对外投资的直接原因。如果基于环境生产要素理论的节能减排制度带来的成本，提升严重到足以抵消国际投资所带来的劳动力成

本、销售成本等的降低所带来的效益，或者相差不大，都会起到抑制资本在国际间流动的作用。

最后，没有实施节能减排制度，其他环境经济性措施也比较落后的国家，在短期内可能会迎来比较多的国际直接投资，但这些投资的领域将比较倾向于污染物排放比较严重的行业，明显加剧资本接受国的环境问题，降低国内居民的生活质量。也就是说，让居民把"环境外部成本"背起来。对于资本接受国而言，这可以在短期内加速国内经济发展，但从长期来看，因环境问题而增加的治理成本、居民保健就医费用以及国际环保协作中的声誉损失等等，都会拖垮经济。对于投资于这些国家的企业而言，由于贸易绿色壁垒的逐步严格化，产品要想走出该国走向国际市场，需要经历众多手续，并且需要支付不菲的"出门费"，所以往往只能限定在生产国国内销售，很难实现国际化大生产的预期目标。

二、基于环境生产要素理论的节能减排制度对国际贸易的影响

环境与贸易的关系问题几乎与环境问题本身同时受到国际社会的关注。早在 1972 年联合国人类环境会议期间这个问题就被提出来，并由 WTO 的前身——GATT 于 1972 年成立了"国际贸易与环境委员会"。进入 20 世纪 90 年代以后，贸易、环境与可持续发展问题进一步得到了世界各国的高度关注。环境成本的处理方式影响到贸易竞争的公平性，一国的环境政策会影响到与其进行的贸易活动，而贸易活动及其政策对全球性环境问题也有着非常密切的联系。一些国家会利用贸易政策和措施影响另一些国家的环境政策，一些国家也会以环境保护为名，起到保护本国产业利益和贸易利益的目的。基于环境生产要素理论的节能减排这项具体环境政策而言，它对贸易的影响也很明显。

传统环境政策下的国际贸易在竞争条件下会抵制外部成本的内部化，甚至会促使企业将内部成本尽可能地向外部转移，比如减少环保设备的工作时间、改用低价高排燃料原料、放弃应该进行的废物处理运输措施、进行违章偷排等等，千方百计增加自己产品的国际竞争力。基于环境生产要素理论的节能减排制度实施以后，企业

对环境资源的使用公开化，外部成本会成为一种正常的内部核算成本，受到来自方方面面的监督，内部成本的外部转移成为不必要和不可能，使得环境得以有效维护，但也出现了国内外成本随贸易的进行向国外转移的问题。一些出于垄断地位或在技术、质量或声誉上占明显优势的出口产品，会通过把外部成本加到销售价格上而让进口国消费者替它们承担这种后果。如果说这尚可理解的话，另有一些转嫁就不合适了，比如使用不可回收的包装材料进行贸易，使得将处理包装污染物的成本转嫁给了进口国政府和民众。也有一些问题是基于环境生产要素理论的节能减排制度解决不了的，比如，对一些动物、植物及其制品进行贸易则直接或间接将生物多样性丧失，以及相应不利后果带给了进口国。

其实，基于环境生产要素理论的节能减排制度对国际贸易最明显的影响还是体现在"成本拉动效应"上。不同国家对不同行业不同程度地实施基于环境生产要素理论的节能减排制度，造成了国际间同一商品或其替代品生产成本的相对变化，成本上升的国家的产品国际竞争力下降，从而限制了一些国家的某些产品的出口优势，相对抬升了没有采用基于环境生产要素理论的节能减排制度或是采用程度比较轻的国家的相应产品的出口地位。因为类似问题，所引发的绿色壁垒国际争端、反补贴国际争端等时有发生，并呈较快的增长趋势。

第三节　节能减排制度应用的国际协同性矛盾的解决思路

一、解决节能减排制度应用中的国际性矛盾的传统思路

国际间环境措施的不同是当前也是将来相当长一段时期内国际发展的现实，为了维护国际经济秩序，必须对这种背景下基于环境生产要素理论的节能减排影响国际经贸关系的问题进行解决。当前各国可以自行解决的方法主要有以下几种：

（1）投资国对本国投资商选择资本接受国的限制和引导。当前

投资国对于本国资本的海外投资总的来说呈现管制放松的趋势，鼓励大于限制。但多数国家仍要求投资者根据数额不同进行投资审批手续，同时也提供非常全面的咨询和建议服务。由于环境保护是全球人民的共同心声，具有社会性和公益性，所以资本输出国政府对于资本流向环境管理措施极为匮乏国家的活动如果不加以干涉，将被认为是对人类环境问题不负责任的。所以，不排除以环保名义将某些国家列入接受投资的"黑名单"，向有投资意向的厂商提出警告或建议的做法。

（2）资本接受国的单方环境优惠措施。对外资给予设立手续、税收、配套设施等方面的优惠是国际资本接受国常用的措施，在环境措施方面，也可以考虑给予宽免，允许其承担不超过在本国投资所应承担的经济性环境措施相关费用。但外资获准的无基于环境生产要素理论的节能减排排污量必须符合当地总量控制指标要求，也就是说应当占用环境行政机构的年度预留基于环境生产要素理论的节能减排指标，其无法实现内部化的成本，也就是所需要的基于环境生产要素理论的节能减排的市场价值量应当由有关政府机构承担，而不是由民众承受。也可以由环境行政机构向这种外资企业免费或低价配售基于环境生产要素理论的节能减排，但应对这种基于环境生产要素理论的节能减排的上市流通做出限定。与其他优惠措施一样，对外资的基于环境生产要素理论的节能减排优惠也会导致企业竞争的不公平性，有违 WTO 的国民待遇原则，与"保护环境人人有责"的基本理念也有矛盾。所以，这种做法也只能作为权宜之计。

（3）对来源于非基于环境生产要素理论的节能减排制度实行国的商品进口限制。把是否实施基于环境生产要素理论的节能减排（或类似经济性环境措施）制度作为发放贸易配额、许可证以及进口报关的条件的做法可以有效限制来源于非基于环境生产要素理论的节能减排制度实行国的商品的进口。这种限制在现行做法中有一些被称为"绿色壁垒"。这种限制可以防止产于国外的商品和本土商品因基于环境生产要素理论的节能减排制度而产生的不平等竞争问题，也可以对计划向不实施基于环境生产要素理论的节能减排制度的国家投资的厂商传递警告性信息。

（4）出口环节的退费补贴措施。在出口环节对一些行业产品给予退税补贴是众多国家惯常采用的措施，所以，对出口产品给予基于环境生产要素理论的节能减排购置费用的返还待遇完全是可以理解，并具有可行性的。生产单位产品需要消耗的社会平均基于环境生产要素理论的节能减排数量是可以计算公布的，从而出口一定数量产品需要退还的基于环境生产要素理论的节能减排购置费可以比较方便地得到。实施基于环境生产要素理论的节能减排制度的国家可以通过这种做法防止自己的产品在国际市场上竞争力下降，如果所有的国家都实施这种措施，则可以实现不同环境政策国家间的国际贸易都回到环境政策为零的状态，恢复原本应当存在的国际经贸竞争水平。当然，由于计算和标准的差异，使得所有贸易都回到环境政策为零的状态是不可能的，不同国家也不会都同时采取完全一样的退费补贴模式。

（5）进口环节的专项税费征收措施。与出口国实施基于环境生产要素理论的节能减排购置费用返还制度相对应，进口国也可以对进口商品参照本国标准征收"基于环境生产要素理论的节能减排特种关税"，以在不包含环境外部成本或包含量不足的进口商品价格上附加标准比例的基于环境生产要素理论的节能减排费用，消除因基于环境生产要素理论的节能减排制度差异引起的进口商品片面竞争优势。这种做法相当于是贸易伙伴都处在大致平衡的基于环境生产要素理论的节能减排实施水平上，各国的国际市场竞争关系经过调整后基本还是平等的。

以上这些当前消除基于环境生产要素理论的节能减排制度影响国际经贸关系问题的措施是比较传统的，多数属于"单边措施"，在现实中都能找到应用的痕迹。但这些措施一般不具有普遍性，各国也不统一，实施中经常会引起矛盾和冲突。所以，应当寻求一种更为妥善的解决方案，比较彻底地解决国际经贸活动因各国环境政策不统一所导致的矛盾。

二、加强国际协作，设立国际节能减排对应的环境生产要素市场

国际经贸关系从来都是在矛盾和冲突中发展和成长的，不能因

为节能减排制度会带来这种问题就放弃经济性环境措施，而是应当寻求协调解决的办法。采用单边措施解决国际经贸冲突往往效果不是很理想，有时甚至会使冲突加剧。从历史经验来看，举行双边谈判，对两国间的不同政策措施达成谅解并协商订立解决问题的协议是较为可行的途径；而召开国际会议，由多数国家共同讨论，为这种国际问题确立解决的原则甚至具体方案，这是最为彻底和有效的解决方式。

国际经贸活动需要广泛的国际协作。从人类产生国际经贸活动开始，不同国家之间关于调和国际经贸矛盾与冲突的协作也就开始了，从单边报复到双边谈判，再到第三国参与斡旋，之后到对普遍性问题召集国际会议协商处理，最后到设立专门国际机构定期召集国际会议并执行会议原则、精神和裁决方案。这些解决问题的办法相互影响，共同作用，并以国际多边会议精神为最高原则。

环境保护和可持续发展活动也需要国际协作。人类只有一个地球，任何一个地域的环境变化都与每一个地球人的生活、生产和命运密切联系。环境工作比国际经贸更需要国际协调，一个或几个国家的消极放纵可能会葬送全人类若干年的努力，所以，环境工作需要所有国家和全体民众的共同行动。这一点早在1972年首次人类环境会议上就得到了认同和提倡，"保护和改善人类环境是关系到全世界各国人民的幸福和经济发展的重要问题，也是全世界各国人民的迫切希望和各国政府的责任。"在环境保护和可持续发展领域，国际经济组织已经建立起来，国际会议也在逐渐增多。关于环境与经贸活动的关系问题，节能减排制度影响国际经贸往来的问题，国际会议已经开始涉及，并逐步成为国际经贸会议和国际环境会议的热点问题。

但如果继续按照传统思路，用国际会议的形式确定上述第二节中一种或几种措施作为解决问题的方案，或者确立另外的原则，在效果上可能都会存在不足。

如果能遵循总量控制和指标分解的思路，通过国际会议把它的应用范围拓展到"地球村"，也就是说，以国际协作的形式推动节能减排对应的环境生产要素市场的国际共同使用，全球范围的环境保护问题和国际经贸发展问题，即可持续发展问题就可以得到"一揽子"解决。

通过国际协作设立国际节能减排对应的环境生产要素市场，是从根本上解决不同国家节能减排制度实施程度不同所带来的国际经贸关系矛盾冲突的最优策略。国际节能减排制度使得各国基本一致地配售的环境生产要素，环境外部成本都内部化到企业的正常生产经营成本当中，无论到哪里投资都需要申购环境生产要素，无论与任何国家进行贸易往来，商品价格中都含有环境生产要素的费用，节能减排制度就不会引发国际经贸问题，而且，全球共同的实施外部成本内部化战略，也为帕累托效率的出现奠定了宽厚的基础，人类生产的福利最大化目标就更有可能实现。

不同国家不同程度地实施节能减排制度存在着方方面面的困难，其中最明显的就是节能减排制度的成本拉上效应抬高了出口贸易和引进外资的门槛，加速了资本外逃和进口贸易的增长，使国家在国际经贸活动中陷于被动地位。这些后果必然招致国家在节能减排制度实施方面的保守和慎重态度。也就是说，容易在国际上形成各国口头上都称节能减排制度好，但很少有主动大力度推行的局面，最终不利于节能减排制度的实施。通过国际协作设立国际节能减排制度的思路也可以从根本上解决这个问题。国际统一的节能减排制度使得各国不会出现上述国际利益差异，消除了节能减排实施国可能出现的国际经贸损失，从而大大提高主动实施节能减排制度的积极性。

国际节能减排制度并不是天方夜谭，而是有着比较现实的基础，存在明显可行性的行动方案。人类多次举行的国际环境会议已经基本明确了各国在污染物排放方面的义务和责任，尤其是《京都议定书》，它确立了缔约国在一定期限内的减排指标，换个角度来说，它规定了缔约国在一定期限内可以排放的某种污染物的具体数量（基期排放量减去减排指标）。这是所有缔约国形成的包括地球多数国家和地域范围的排放总量控制计划，也是对这种总量控制指标的国际间分配方案（见图9-1）。与国内总量控制和排污数量指标逐层分配相同，《京都议定书》就是国际节能减排制度开始萌芽的一个宣言，这个宣言已经得到了多数国家的认同和参与，并达到了生效的法定条件。《京都议定书》的国际排放量和国家间分配方案将吹响国际节能减排制度的进军号角，全球范围的环境保护问题和国际经贸发展问题，即可持续发展问题有望随着这一制度的推进而得到"一揽子"解决。

事实上，随着《京都议定书》限定减排期限的临近，一些国家已经提出了跨国购买或出让排放指标的意向，比如荷兰、俄罗斯、新加坡、日本等国，欧盟15个成员国的环境部长们还通过了一项事关二氧化碳排放权交易的空前计划，成员国各大工业企业之间可以进入排放权交易市场进行交易。这足以说明国际节能减排市场也必将随着国际排污指标的分配而产生出来。

限于本书建立节能减排国内市场的主旨，对于国际节能减排市场的建设问题我们不再深入探讨，但我们相信，加强国际协作，设立国际节能减排市场，是妥善解决矛盾问题并推动以节能减排制度为主导的可持续发展战略实施的基本保证。我们将继续我们的工作，在研究国内节能减排市场建立问题的同时，深入探讨国际节能减排制度的相关问题。

国际节能减排及其交易制度是值得我们期待并为之努力的、关系全球可持续发展的伟大事业。

参 考 文 献

[1] 叶文虎. 可持续发展引论[M]. 北京: 高等教育出版社, 2001.

[2] 李利军, 李艳丽. 环境生产要素理论研究 [M]. 北京: 科学出版社, 2010.

[3] 马涛. 行为经济学对传统主流经济学的挑战[J]. 社会科学, 2004(7).

[4] 张丽霞. 可持续发展的主流经济学反思[J]. 河海大学学报 (哲学社会科学版), 2004 (6).

[5] 郑秉文. 20 世纪西方经济学发展历程回眸[J]. 中国社会科学, 2001(3).

[6] 郎楷淳. 节能正成为日本国民意识[J]. 中外企业文化, 2007(4).

[7] 保罗·萨缪尔森, 威廉·诺德豪斯. 经济学[M]. 北京: 华夏出版社, 1999.

[8] [法] 萨伊. 政治经济学概论[M]. 北京: 商务印书馆, 1963.

[9] 节能减排: 企业能否更积极, 监管怎样更有力? [N]. 人民日报, 2009-3-12.

[10] [英] P. 达斯古柏塔. 环境资源问题的经济学思考[J]. 国外社会科学, 1997(3).

[11] 马洪波. 可持续发展理论的形成及其对西方主流经济学的挑战[J]. 青海社会科学, 2007(5).

[12] [美] 赫曼·戴利. "满的世界": 非经济增长和全球化[J]. 国外社会科学, 2003 (5).

[13] 朱安东. 环境危机反思主流经济发展理论研讨会 [EB/OL]. [2008-7-1]. http://www.jiuding.org/Article/ShowArticle.asp? ArticleID=956.

[14] 大卫 H 海曼. 公共政策现代理论在政策中的应用[M]. 3 版. 张彤译. 北京: 中国财政经济出版社, 2001(49).

[15] 王乐善, 杨学礼. 高等学校环境教育存在的问题与对策[J]. 濮阳职业技术学院学报, 2006(4).

[16] 杰里米·里夫金, 特德·霍华德. 熵———一种新的世界观[M]. 上海: 上海译文出版社, 1987.

[17] 李勤. 掌门人的绿色情结和责任意识——与玉柴董事长晏平的一席谈[J]. 城市车辆, 2008(10).

[18] 尼科里斯, 普利高津. 探索复杂性[M]. 成都: 四川教育出版社, 1986.

[19] 李崇阳, 王龙妹. 试论经济社会系统不可逆熵增与可持续发展[J]. 宁夏工学院学报 (自然科学版), 1997(9).

[20] 袁嘉新. 熵定律与可持续发展[J]. 数量经济技术经济研究, 1998(2).

[21] 尚卫平. 可持续发展观的形成与发展[J]. 东南学术, 2001(4).

[22] 节能降耗减排是企业义不容辞的社会责任——访全国人大代表、华泰集团董事长李建华[J]. 中华纸业, 2007(5).

[23] 余雷. 工业企业节能问题研究——我国中小氮肥生产企业推进节能战略的对策研究 [D]. 贵阳: 贵州大学, 2005.

[24] ［美］赫尔曼·E·戴利. 超越增长——可持续发展的经济学［M］. 上海：上海译文出版社, 2001.

[25] 自然资源 MBA 智库百科［EB/OL］.［2008-7-19］. http：//wiki. mbalib. com/wiki/% E8%87%AA%E7%84%B6%E8%B5%84%E6%BA%90.

[26] 黎诣远, 李明志. 微观经济分析［M］. 北京：清华大学出版社, 2003.

[27] Stephanie Benkovic Grumet, Melanie Dean, etc. Emissions Trading Experience in the United States. from：Wang Jinnan, Yang Jintian, Stephanie Benkovic Grumet, etc. SO₂ Emissions Trading Program：A Feasibility Study for China［C］. Beijing：China Environmental Science Press.

[28] 胡希宁. 当代西方经济学概论［M］. 北京：中共中央党校出版社, 2008.

[29] 黄蕙. 环境要素禀赋和可持续性贸易［J］. 武汉大学学报（哲学社会科学版）, 2001 (5).

[30] 方时姣. 生态环境要素禀赋论与国际贸易理论的创新［J］. 内蒙古财经学院学报, 2004(1).

[31] 汤天滋. 环境是构成生产力的第六大要素［J］. 生产力研究, 2003(1).

[32] 汤天滋. 环境财政：构建公共财政体制的突破［J］. 财经问题研究, 2007(9).

[33] Li Lijun, Li Yanli. The Innovating Discussion on Bourse Mode Emissions Trading. Proceedings of 2004 International Conference on Innovation & Management, 2004(10).

[34] 李利军, 李艳丽. 环境资源管理市场化的产权问题及解决思路［A］.//董克用. 构建服务性政府［C］. 北京：中国人民大学出版社, 2007.

[35] 王金雪, 金人庆. "十一五" 期间财政将努力增加人民收入［EB/OL］.［2008-8-19］. http：//politics. people. com. cn/GB/1027/3871233. html.

[36] 世界银行：中国污染损失占 GDP5.8%［EB/OL］.［2008-8-23］http：// energysaving. worldenergy. com. cn/2007/1122/content_ 28662. ht.

[37] 顾瑞珍, 王娅妮. 2004 年全国环境污染损失占 GDP3.05%［EB/OL］.［2008-8-23］. http：//news. xinmin. cn/domestic/shizheng/2006/09/07/65981. html.

[38] 罗晓萌. 节能自愿协议法律研究［D］. 桂林：广西师范大学, 2008.

[39] 张友良, 吴伟群. 广西企业生态道德责任现状和影响［J］. 传承, 2009(9).

[40] 徐金发, 朱晓燕. 我国电力管制价格模型研究［J］. 价格理论与实践, 2002(5).

[41] 利特尔顿 A C. 会计理论结构［M］. 林志军, 黄世忠, 等译. 北京：中国商业出版社, 1989.

[42] 贾宪洲. 利润最大化的认识误区及纠正［J］. 北方经济, 2007(10).

[43] 江莹. 企业环保行为的动力机制［J］. 南通大学学报（社会科学版）, 2006(22).

[44] 李利军. 排污权交易市场建设研究［M］. 石家庄：河北人民出版社, 2005.

[45] OECD. 环境经济手段应用指南［M］. 北京：中国环境科学出版社, 1994(12).

[46] 沈满洪. 论环境经济手段［J］. 经济研究, 1997(10).

[47] 张世秋. 环境政策边缘化现实与改革方向辨析［J］. 中国人口、资源与环境,

2004(10).

[48] 吕凌燕. 中外环境税法比较研究[J]. 中国地质大学学报（社会科学版），2006(9).

[49] 杨林. 从公共财政视角看环境与经济的统筹发展[J]. 中央财经大学学报，2004(7).

[50] 傅国伟，王永航. 排污收费标准制定理论与技术方法研究[J]. 环境科学学报，1997(17).

[51] 傅卫国，聂影，薛建辉. 碳循环理论对生态调节税费政策实施的作用[J]. 林业经济问题，2004(1).

[52] Milliman S, Prince R. Firm incentives to promote technological change in pollution control [J]. Journal of Environmental Economics and Management, 1989, 16.

[53] Jung G, Krutilla, Boyd R. Incentives for advanced pollution abatement technology at the industry level: an evaluation of policy alternatives[J]. Journal of Environmental Economics and Management, 1996, 30.

[54] De Bondt R, Slaets P, Cassiman B. The degree of spillovers and the number of rivals for maximum effective R & D[J]. International Journal of Industrial Organization, 1992, 10.

[55] Stigler, G. J. The Theory of Economic Regulation[J]. Bell Journal of Economics, 1971(2).

[56] 余晖. 管制的经济理论与过程分析[J]. 经济研究，1994(5).

[57] 哈丁. 公地悲剧[J]. 科学，1968.

[58] 庇古. 福利经济学[M]. 1932.//厉以宁等：西方福利经济学述评，北京：商务印书馆，1984，6.

[59] Coase Ronald. The Problem of social cost[J]. Journal of Law and Economics, 1960(3).

[60] 龙平川，吴建丽. "排污权交易"之中国试验[J]. 方圆法治，2005，15.

[61] 李利军，李艳丽. 基于环境容量生产要素理论的绿色GDP核算探讨[J]. 河北经贸大学学报. 2010(2).

[62] 张友良，吴伟群. 广西企业生态道德责任现状和影响[J]. 传承，2009(9).

[63] 黑宇峰，刘海涛. 可加强环境保护的企业发展战略初探[J]. 河北能源职业技术学院学报，2004(4).

[64] 孙吉川. 探析绿色壁垒对我国对外贸易的影响[J]. 生态经济，2008(4).

[65] 林俊. 绿色壁垒与出口贸易对策[J]. 经济师，2008(5).

[66] 王远等. 工业污染控制的信息手段：从理论到实践[J]. 南京大学学报，2001(6).

[67] 任雪萍，黄志斌. 生态经济模式的企业困境与机会探析[J]. 教学与研究，2008(2).

[68] 李涛. 企业社会责任对消费者行为意向的影响研究[D]. 桂林：桂林工学院，2008.

[69] 林毅夫. 宏观调控乏力缘于改革不到位[N]. 中国经营报，2007-8-6.

[70] 李碧珍. 企业社会责任缺失：现状、根源、对策——以构建和谐社会为视角的解读[J]. 企业经济，2006(6).

[71] 周英男. 工业企业节能政策工具选择研究[D]. 大连：大连理工大学，2008.

[72] 吴椒军. 论公司的环境责任[D]. 青岛：中国海洋大学，2005.

[73] 崔宁斌. 论公司的环境责任[D]. 贵阳：贵州大学, 2008.

[74] 张君明. 论公司的环境责任[D]. 北京：中央民族大学, 2006.

[75] 亚当·斯密著. 国富论[M]. 谢祖钧译. 北京：新世界出版社, 2007.

[76] 李利军, 张再生, 李艳丽. 西方传统主流经济学的环境意识缺陷批判[J]. 求
     索, 2009.

[77] 节能减排应该成为企业社会责任的考核标准[N/OL]. 新华网-工人日报, 2008-
     03-20.

[78] 李利军, 张再生, 李艳丽. 高校经济学教学中的环境教育缺陷问题探讨[J]. 河北师
     大学报（教育版）, 2009(1).

[79] 李利军, 李艳丽. 环境生产要素市场的供求均衡及其对厂商生产的影响[J]. 石家庄
     铁道学院学报（自然版）, 2009(1).

[80] Li Lijun, Li Yanli. Analysis of market equilibrium and its impact to firm on environment pro-
     duction factor[C]. Proceedings of The International Conference on Management of Technolo-
     gy, 2009.

[81] Li Lijun. A research of green GDP based on environment capacity production factor theory
     [C]. Conference Proceedings of 2009 International Institute of Applied Statistics
     Studies, 2009.

冶金工业出版社部分图书推荐

书　　名	作　　者	定价(元)
大型循环流化床锅炉及其化石燃料燃烧	刘柏谦	29.00
燃煤汞污染及其控制	王立刚	19.00
钢铁冶金的环保与节能(第2版)	李光强　朱诚意	56.00
电炉炼钢除尘与节能技术问答	沈　仁　等	29.00
铝电解槽非稳态非均一信息 　模型及节能技术	李贺松	26.00
炼铁节能与工艺计算	张玉柱　胡长庆	19.00
钢铁工业用节能降耗耐火材料	李庭寿	15.00
氮氧化物减排技术与烟气脱硝工程	杨　飏	29.00
二氧化硫减排技术与烟气脱硫工程	杨　飏	56.00
工业废水处理工程实例	张学洪　等	28.00
冶金过程废水处理与利用	钱小青　等	30.00
冶金过程废气污染控制与资源化	唐　平　等	40.00
钢铁工业废水资源回用技术与应用	王绍文　等	68.00
焦化废水无害化处理与回用技术	王绍文　等	28.00
高浓度有机废水处理技术与工程应用	王绍文　等	69.00